"十三五"国家重点研发计划课题"村镇社区绿色宜居单元规划动态
"中央高校基本科研业务费专项资金"（2242022K40010）资助

水体空间与村镇社区微气候

Water Space and Microclimate in Villages and Towns

彭昌海　李向锋　吴娱　著

天津大学出版社
TIANJIN UNIVERSITY PRESS

图书在版编目(CIP)数据

水体空间与村镇社区微气候 / 彭昌海, 李向锋, 吴娱著. -- 天津 : 天津大学出版社, 2023.5

"十三五"国家重点研发计划课题"村镇社区绿色宜居单元规划动态模拟技术"(2019YFD1100805)和"中央高校基本科研业务费专项资金"(2242022K40010)资助

ISBN 978-7-5618-7441-7

Ⅰ.①水… Ⅱ.①彭… ②李… ③吴… Ⅲ.①农村社区－微气候－关系－乡村规划－研究－中国 Ⅳ.①P463.2②TU982.29

中国国家版本馆CIP数据核字(2023)第063489号

水体空间与村镇社区微气候|SHUITI KONGJIAN YU CUNZHEN SHEQU WEIQIHOU

出版发行	天津大学出版社	
地　　址	天津市卫津路92号天津大学内（邮编:300072）	
电　　话	发行部:022-27403647	
网　　址	www.tjupress.com.cn	
印　　刷	廊坊市瑞德印刷有限公司	
经　　销	全国各地新华书店	
开　　本	787mm×1092mm　1/16	
印　　张	10.75	
字　　数	262千	
版　　次	2023年5月第1版	
印　　次	2023年5月第1次	
定　　价	55.00元	

前　言

村镇社区空间规划是改善村镇人居环境,实现乡村振兴的重要课题之一。在村镇现代化建设的进程中,人居环境层面仍存在许多亟待解决的问题,尤其是关于微气候环境舒适度方面的问题。而水体空间作为苏南地区村镇常见的室外公共空间,是村镇规划设计与改造中的重要组成部分与设计可控要素,同时水体区别于陆地面的物理特性又会对微气候环境产生不可替代的调控作用,因此亟须针对村镇社区水体空间形态的复杂性与微气候环境的特殊性,开展以村镇社区微气候环境提升为总体目标的相关研究。本书旨在研究水体空间对于村镇社区微气候环境的影响规律,并以提升村镇社区热舒适性能为目标,寻求村镇水体空间格局的最佳规划形式。

首先通过分析图纸资料、卫星影像和现场实测相结合的方式,在宜兴市 5 个中心镇区的30 个自然村镇中展开空间形态调研,归纳总结宜兴地区典型水乡村镇的基本空间类型。以定性分类的方法,基于水体形态将村镇空间格局分类为"一字"穿越式布局以及"十字""丁字""L 形"交叉式布局、平行穿越式布局、混合式布局形式;以定量聚类的方法,将样本村镇的水体容量特征归纳为 12 m、15 m、23 m、35 m、45 m 的水体宽度以及相应的水体率。同时,构建了村镇微气候环境评价方法,并总结村镇室外微气候特征。将村镇微气候环境评价分为单一指标评价以及综合性热舒适度评价,并提出基于时间维度和空间维度的综合热舒适评价指标。通过对典型村镇室外微气候的现场实测,分析不同季节气候条件下微气候环境特征以及不同空间类型的微气候环境差异特征,为后续研究提供数据支持。

其次,在确保模拟数据有效性的前提下,应用 ENVI-met 软件模拟典型村镇在冬、夏两季典型气象日有、无水体等 4 种工况下的微气候状况,得到与单一指标评价、综合性热舒适度评价相关的基础参数;通过有、无水体工况的微气候参数差值研究,分析水体的存在对于村镇空气温度、相对湿度、风速风向、热舒适度指标的影响,总结村镇水体微气候效应的时空分布规律。同时,利用模拟数据及村镇地理空间信息,统计了水体对于空气温度与热舒适度指标的冷却量化值、模拟边界气象参数,以及不同半径范围的村镇空间形态要素指标;通过相关性分析和多元线性回归分析,揭示了边界气象要素以及村镇空间形态要素对水体微气候冷却效应的作用规律,以此指导基于水体微气候效应的村镇空间形态调控。

最后,本书基于宜兴地区典型水乡村镇的基本空间形态特征,针对水体容量、水体布局、水体状态、堤岸植被,建立不同类型的水体空间格局优化试验模型,并通过 ENVI-met 软件模拟与微气候环境评价,得出热舒适度性能较优的水体空间格局类型。同时结合水体微气候效应影响要素的研究,从规划设计层面提出了基于热舒适度提升的村镇水体空间格局优化策略,并在实际村镇案例中得到了有效验证。结果表明,优化策略的应用能够大幅提升宜兴市丁蜀镇西望村(东)在夏季的热舒适度性能,使冬、夏两季典型气象日的舒适空间比率累计值提升 0.366 左右。

本研究能够为设计人员提供宜兴地区,乃至苏南和其他夏热冬冷地区村镇社区在室外热舒适性能优化设计方面的指导意见,对于改善村镇人居环境、减少能源消耗具有重要指导意义,同时也使得村镇社区在规划设计与建筑设计层面更具科学性与精确性。

在本书撰写过程中著者参考了大量资料,并得到多位专家学者的支持,谨此表示感谢!

限于时间和水平,书中疏漏和不足之处请各位读者批评指正,以便再版时修订。

著者

2023.3

目　　录

第一章 绪论

1.1 研究背景

1.1.1 人居环境规划与微气候环境问题

自从历史上出现人为的建设活动,人居环境的选址与规划就与当地的气候环境条件紧密相连。一般情况下,人类通常以获取最佳舒适度为目标,在聚落及民居的规划与建设过程中不断适应自然环境。但随着科技进步与现代工业化的不断发展,人们除了在建设行为及方式上进行朴素、被动的气候适应性探索外,也研发出了一些主动调控技术和设备以主动解决微气候环境与人体舒适度不相匹配的问题。这些技术与设备虽然能够根据个人的主观意愿进行环境调控,以提升空间舒适度,但是却在无形中将气候视为人为可控要素,忽略了地域气候环境的差异性,使人们加深了对单一性技术手段的依赖,同时使得人居环境在现代建设中越发趋同,地域多样性逐渐消逝;此外,技术设备的运行也会产生大量能源消耗,与当前国家倡导的"节能减排""碳中和"等理念背道而驰,使得能源及环境问题日益凸显[1]。那么如何通过被动式的气候适应性策略对人居环境的规划做出优化与调整,从而改善人居环境的微气候并降低能源消耗,成了一个亟须解决的问题。

1.1.2 村镇微气候环境研究的必要性

党的十九大以来,我国出台了大量乡村振兴政策,其中改善农村人居环境,建设美丽宜居乡村,是乡村振兴战略中的一项重要目标。据权威部门统计,中国城镇化率在60.1%左右,村镇仍然占有较大的比例,因此如何改善村镇人居环境,建设宜居村镇社区成了设计者所关注的主要问题。然而,由于村镇整体规模小、规划布局简单、建筑质量参差不齐等多方面原因,村镇内部的微气候环境会受到外部自然环境较大程度的影响。例如,江苏宜兴地区村镇通常面临着夏季湿热、冬季阴冷、全年空气潮湿等气候环境问题,这对村镇社区中居民的舒适状况产生了较大影响。因此,在提倡村镇社区宜居性、人性化与可持续发展的今天,如何提升微气候环境成了设计师们亟待解决的问题。

如今中国从村镇到城市快速发展,规划引导力度不足的现状使村镇规划设计者在进行设计与改造时,并没有将微气候要素考虑在内,从而导致村镇内部无法形成宜居的微气候环境。这主要是以下两个原因所导致的:第一,中国关于微气候的研究还处于起步阶段,已有研究大多是参照或引用国外相对较为成熟的理论,并未针对中国气候特点及人居环境特征形成具有针对性的研究成果;第二,当前中国关于微气候的研究主要集中在城市层面,亟待建立村镇微气候相关理论体系,提出具有针对性的规划设计导则。

1.1.3　水体空间对村镇微气候环境研究的重要性

宜兴地区村镇常表现为河网纵横密集,水域丰富是其重要特点,水道、湖泊的形态及关系与水乡村镇的选址、总体格局以及微气候的形成之间都有着紧密的联系。水体除了具有与观赏、交通、生活相关的作用以外,其区别于陆地面的物理特性会对村镇的微气候环境产生调节作用,体现出不可替代的生态效应价值。例如,水体不仅自身具有较低的温度和较小的反射率,而且水体容量与方位的差异,也会给水体周边的微气候环境带来不同程度的影响[2]。此外,由于水体与村镇其余下垫面的物理性质存在差异,水体升温与降温速率均小于陆地面,易形成空气环流,从而产生湿润凉爽的水陆风,以降低村镇内部温度、提高室外舒适度。此外,水体的蒸发效应也能带走周围环境的一部分热量,改变空气的温度和湿度,同时调节了村镇局部的微气候[3]。

当前已有大量学者对城市河流及住区景观水体对于热环境的影响进行了研究,探究了水体宽度、面积、布局方式等水体形态要素对于空气温度、相对湿度、风速以及室外热舒适度的影响,并给出了对应的微气候环境优化指导意见。大量研究表明,合理的水体空间布局能够有效缓和城市微气候的变化,提升室外热舒适度。设计者可以通过改变城市或住区内部水体及其滨水空间格局的相关设计参数,优化水体周边环境的微气候环境,提升微气候环境的舒适度、健康性。但作为影响村镇微气候的重要因素,水体空间并未被深入研究。因此在村镇层面上进行水体对于微气候的研究十分必要。对于夏季湿热、冬季阴冷的苏南地区而言,亟须对于水体这一重要的村镇空间格局因素进行深入剖析,找寻其作用于村镇微气候的具体规律,以及如何有效利用这些规律提升村镇微气候环境的人体热舒适状况。

1.2　研究目的及意义

1.2.1　研究目的

村镇社区空间规划是改善村镇人居环境,实现乡村振兴的重要课题之一。在村镇现代化的发展进程中,在人居环境层面仍存在诸多亟待解决的问题,尤其是关于村镇微气候环境的舒适度方面。同时水体空间作为苏南地区村镇重要的室外公共空间,是村镇规划设计与改造中的重要组成成分与设计可控要素,而水体因其特殊的物理性质又会对微气候环境产生调控作用,因此亟须探究水体对微气候环境的影响机制,同时构建村镇水体空间格局与微气候环境评价之间的关联,进而对水体空间格局的规划与改造提供指导意见,最终实现村镇在气候适应性方面的提升。本书主要研究目的如下。

（1）对村镇水体空间形态进行定性与定量层面的归类与特征提取,总结水体容量、水体几何形态、水体分布、水体状态等方面的水体形态特征,为村镇水体空间的规划提供基础样本。

（2）基于典型村镇实例,探究水体对于各项村镇微气候环境指标的影响强度与影响范围,以确定水体空间在提升村镇微气候环境方面的作用。同时确定村镇边界气象要素与形态要素对于水体微气候效应的影响,从如何有效利用水体微气候效应的层面探究村镇规划策略。

（3）对村镇水体空间格局进行微气候模拟评价与寻优，为村镇水体及水体周边空间格局的规划设计与改造提供理论依据与实践参考，以达到改善冬、夏两季村镇室外空间热舒适度性能的目的。

1.2.2　研究意义

中国古代的聚落选址都讲求"依山傍水"，这充分表明了人们对于居住环境中水体的重视程度。这是由于水体空间能够为人们提供可供观赏的自然景观、可供娱乐的休憩场所，提高了生活的舒适度与满意度。同时，水体也因其特殊的物理特性，可通过改善其周边的微气候环境使室外人体热舒适度及空气质量得到提升，对村镇室外环境的舒适度、健康性的提升有着重要意义。因此，对于夏季湿热、冬季阴冷的苏南地区而言，要研究其微气候影响要素，显然需要对于水体这一重要的村镇空间格局因素进行深入剖析，找寻其自身或村镇空间形态对微气候的影响，这在理论和实践层面上都有着重要意义。

1.2.2.1　理论意义

本研究结合微气候研究的相关理论，通过实地测量、数值模拟的方法研究宜兴地区水体对村镇社区微气候的影响，揭示水体对周边环境的微气候作用机理。基于理想情境设置，探索水体容量、水体分布、水体状态、堤岸植被变化所产生的微气候效应。为水体空间微气候环境研究开辟新思路，同时补充现有的研究理论体系，为今后村镇微气候的相关研究提供理论支持与技术路径。

综合考虑村镇冬季和夏季气候条件特征，以室外人体热舒适度指标为优化目标，基于水体的微气候效应探索出具有精细化、系统化和普适化特点的村镇水体空间及滨水空间设计方法，对宜兴乃至苏南和其他夏热冬冷地区村镇社区规划设计优化与评价体系的建立具有重要的推动作用。

1.2.2.2　实践意义

在实践层面，本书通过探究村镇水体的微气候效应，指导村镇水体及滨水空间的设计与改造。水体及其周边空间是村镇重要的活动空间，对于村镇的微气候调节起到至关重要的作用。在研究水体微气候效应以及影响要素的基础上，本研究基于室外热舒适度需求充分利用水体的微气候效应，总结村镇社区绿色宜居层面的设计策略，以此达到被动式适应气候，提升村镇社区舒适度，促进村镇的绿色宜居发展的目标。这对于我国既有村镇的改扩建以及新兴村镇的规划具备一定的指导意义，同时对提升村镇微气候环境、减少能源消耗等热点问题的解决具有实际参考价值。

1.3　国内外研究现状

1.3.1　水体微气候效应作用机制研究

国内外学者对于水体微气候效应的研究，主要建立在其物理性质与周边大气环境互相作用所产生的微气候变化基础上。水体作为夏热冬冷地区村镇的重要组成部分,除了具有与观赏、交通、经济、日常生活相关的作用以外,其区别于陆地面的物理特性会对微气候环境产生调节作用,体现出不可替代的生态效应价值[4]。国内外大量学术研究[5-6]证明水体能够使周边环境的温度、湿度、风速产生地域性、季相性与昼夜性变化,并且以独立或叠加的形式作用于人体,影响人体热舒适状况,最终在物理和心理层面产生气候响应。

1.3.1.1　温湿度作用机制研究

水体具有比热容大、反射率小、蒸发潜热大等物理特性,导致其会对周边的空气温度产生调节作用。对于湿度的影响则体现在,水体的蒸发会增加周边空气的含湿量,对周围环境产生增湿效应。

针对水体的温度调节效应,傅抱璞[7]根据分布在中国的 26 个湖泊、水库和河流的实测气象数据,认为水体与陆地面的温度差异主要取决于以下 3 个因素:一是较小的反射率导致水体能够吸收较多太阳辐射,产生增温效应;二是水体较大的比热容能够缓和太阳辐射对于空气温度的影响,如在增温过程中水体需要吸收更多热量,可减缓水面和水上空气的增温;三是水面蒸发作用强于陆地面,而蒸发需要耗散大量热量,从而降低周围环境的温度。此外,水体作为开放空间,其整体粗糙度小于建筑覆盖区域,能够形成畅通的通风廊道,将凉爽的空气引入建成空间[8]。

Syafii 等[9]则认为水体冷却效应主要源于水体的蒸发,即水体通过蒸发与空气传递热量,进而改变周围环境的温度。因此,大量研究聚焦于水体对于城市空间的温度冷却效应,认为水体的存在能够极大缓解城市热岛效应。Yoon 等人[10]利用 CFD 数值模拟工具,对比有、无河流这两种情况下的气温特征,发现河流的降温幅度最高可达 1.6 ℃。Kim 等[11]通过调查首尔市清溪川改造前后的热环境变化,发现河流重新复原后该区域的近地表平均温度下降了 0.4 ℃,最大局部降温幅度为 0.9 ℃。尽管水体在白天通常产生冷却效应,但 Yang 等[12]的研究表明,在清晨和午夜水体表面温度比周围的混凝土表面高 1 ℃。Cruz 等[13]通过ENVI-met 微气候模拟,同样证明了水体可使菲律宾某滨海艺术中心周边的夜间温度升高0.16 ℃,表明水体在夜间会对周边环境产生增温效应。

针对水体的湿度效应,李书严等[4]通过观测数据分析和数值模拟的方法,研究发现水体区域平均湿度比商业区域高约 10%,其中面积为 1.25 km² 且与其他湖泊临近的水体可使2.5 km 半径范围内的水汽比湿增加 0.1~0.7 g/kg,面积为 2 km² 的孤立水体可使得 1.0 km 半径范围内的水汽比湿增加 0.1~0.4 g/kg。宋丹然[14]进一步得出了不同宽度的城市河流对周边地区的增湿范围以及最大增湿幅度,同时发现河流对下风向区域的增湿作用明显大于上风向,这表明水体的湿度效应受到了风向的影响。

此外,水体温湿度效应会随时间与地域的改变产生差异性变化。在水体冷却效应的空间差异方面,马妮莎[15]应用热红外遥感和软件模拟的方法,发现水体对于不同性质用地的影响存在差异性,其中商业用地的降温幅度最大,可达 1.19 ℃;居住用地的水平向降温范围最大,可达 200 m。Cheng 等[16]发现湖泊的冷却范围因土地用途而变化,如森林和农田(462.5 m)、不透水表面(400 m)、草地(326.5 m)和裸露土壤(262.5 m)。在时间差异方面,杨凯等[17]发现水体环境的日间温湿度曲线呈单峰状趋势,其降温增湿效应的峰值出现在 14:00—16:00,

可使相对湿度平均提高 6%~14%,环境温度平均降低 1.6~3.0 ℃。

1.3.1.2　风速作用机制研究

水体对风速的影响体现在以下两个方面:第一,水体作为开放空间,整体粗糙度小于建筑覆盖区域,对风的阻碍作用小,易形成"风道"[3];第二,对于大型水体而言,其物理性质对于水体上方空气温度的改变,将使其与周围空气产生温差,进而形成空气压差,最终产生风或者加速风[7]。关于水体与风道的关系,可在韩国首尔市清溪川的改造项目中得到相关例证。将河流表面的水泥盖板拆除后,清溪川的河道表面更加平整,夏季平均风速提高了0.2 m/s,平均气温下降了 0.4 ℃ [18]。杨丽等[19]通过对有、无水体两种工况的热环境模拟,发现水体的存在可使风速平均增加 65.2%,并且对风速的影响程度大于对温度的影响程度。Zeng 等[20]进一步证实水体的风速效应与其面积呈正比关系,面积在 1 600 m² 以上的水体最低可使风速增加 0.13 m/s。

1.3.1.3　舒适度作用机制研究

水体对于人体室外热舒适度的影响,是通过水体温湿度效应与风速效应叠加作用于人体产生的。水体能够减小环境温度的变化幅度,避免出现极端的热安全事故使人体受到伤害。与此同时,水体的蒸发冷却效应能有效降低环境温度,改善夏季日间人体的热舒适度状况。然而在高温、高湿环境中,水体可能会产生相反的环境效应,这是由于过量的湿度会抑制人体的水分蒸发,使人体产生散热功能紊乱现象。对此,谈美兰等[21-22]发现在炎热环境中,提高风速可以减弱空气湿度对于人体热感受的影响,在水体空间相对湿度达到 70%时,0.5~1.6 m/s 的风速补偿可让人体热舒适度阈值提高至 28~32 ℃。因此,水体的存在对提升周边环境的整体热舒适度,很大程度上取决于温度、湿度、风速这三者的动态平衡。

国内外学者使用综合性指标来表征人体的热舒适状况,如适用于室外热舒适度评价的生理等效温度(Physiological Equivalent Temperature, PET)、通用热气候指数(Universal Thermal Climate Index, UTCI)、标准有效温度(Standard Effective Temperature, SET*)等。但大多数研究聚焦城市街区空间,只有少量研究着眼于水体空间的热舒适状况。如 Syafii 等[23]通过 PET 的热舒适度定量评估,比较不同水体形式对行人热舒适度的影响,得出提高热舒适度的城市水体设计策略。Jacobs 等[24]应用 ENVI-met 模拟分析了 8 种荷兰典型水体的微气候状况,得出水体在夏季日间可使环境 PET 平均降低 0.6 ℃,最多可降低 1.9 ℃。但与此同时也有学者提出了不同的观点,认为由于水体蒸发引起的增湿效应能够抵消或者减弱水体的冷却效应,从而导致热舒适度的下降[25-26]。Fung 等[27]应用 UTCI 研究水体对于亚热带草坪空间微气候的影响,发现晴天状况下池塘的存在能使气温降低 0.7 ℃,但却使 UTCI 值增大,表现出较差的热舒适状况。

1.3.2　水体微气候效应影响因素研究

水体对微气候环境产生作用受到局地气候环境的影响。如风速风向、太阳辐射、空气温度、相对湿度等气象因素的变化,均能导致水体微气候效应的变化[28]。Park 等[29]基于移动测量的高分辨温度数据,得出风速风向与昼夜交替均能影响河流的冷却效应。其中风速风向能够改变水体微气候效应的作用强度与传播范围,日间太阳辐射的增强能够促进水体蒸发,进而增强水体冷却效果。此外,相对湿度的变化也是影响因素之一,Shahjahan 等[30]通过分析河岸周边环境的微气候参数,发现日间相对湿度会随气温的升高而明显下降,并且认为这种现象提升了水体的蒸发冷却潜力。

建成环境的复杂性也导致水体微气候效应随外部环境特征的改变产生了显著差异。这种外部环境特征包括水体自身物理特征,还涉及周边建成空间以及植被特征。

水体自身物理特征主要包括水体形状、面积、状态、分布等。Sun 等[31]探究了水体面积、几何形状、与城市中心的距离、周边建成区比例与水体冷岛效应的关系,得出水体面积为其中影响最大的要素。陆婉明等[32]运用 CFD 模拟软件,进一步探究不同水体占有率对微气候环境的调节作用,发现面积占比为 7.5%的水体能较好改善 20 m 半径区域内的微气候。赵云鹤[33]针对不同的住区空间模式,分别探究不同城市内河宽度对于严寒地区住区热环境的影响,并提出针对性的内河宽度设置建议。Syafii 等[23]通过室外实体模型的热环境测试,评估了不同形态池塘水体对热环境的影响,得出面积较大且与风向平行的水体具有更好的冷却效果。对于水体的布局方式,王可睿[34]对集中式和分散式两种住区内部水体布局方式进行设计和微气候模拟,结果显示集中式布局下的微气候效应要优于分散式布局;与此同时,金虹等[35]认为集中式水体配置对降低住区局部温度的有效性高,分散式水体配置能够促使住区内部温度均衡分布,边流式水体配置则根据水体位置和方向的改变呈现出不同的微气候效应。余聪[36]通过 ENVI-met 软件模拟,分析了不同河流布局形式对于街区微气候的影响,认为当河流位于街区中央或夏季盛行风的上风向处时,较有利于发挥河流对于微气候环境的调节作用。此外,部分学者认为水体状态的改变可快速提高其冷却能力。流水与静水相比,流水可通过流动来传递热量,因而更容易保持较低的自身温度,对周边环境所发挥的冷却效应也随之增强[37]。Giuseppe 等[38]证明水雾系统能够通过蒸发冷却降低空气温度,水雾的流速、喷射高度以及环境风速对其冷却效果和范围有着重要影响。

周边建成空间特征主要是指水体周边的建筑空间形态特征,如建筑密度、朝向、布局模式、街道几何特征等因素,能够影响水体对于滨水区微气候的作用效果[39]。Hathway 等[40]发现城市河流周边的建筑空间形态对水体缓解热岛效应的效果存在影响,开放的城市街道和广场更有利于增大河流对于周边环境的冷却效应。Rahul 等[41]基于印度恒河对于周边环境热舒适度的影响,对比分析恒河对于不同局地气候分区类型的影响强度与范围。邓鑫桂[42]探究了夏季滨水住区的空间形态要素与热环境的关联性,其中的形态要素包括建筑密度、天空开阔因子、硬质比例、乔草比、植被覆盖率、水体比例、离岸距离等。宋晓程等[43]分析了北方滨水区容积率、建筑布局、堤岸高度、滨水间距和绿化对水体周边环境中水蒸气扩散及温度的影响,认为容积率较低且中部存在通风廊道的滨水布局更有利于水体对滨水区域的温度调节作用。单月等[44]以天津市天嘉湖住区为例,分析寒冷地区滨水住区微气候适宜空间模式,认为"湾"式组团宜采用环状梯度布局,"岛"式组团宜采用指状围合布局,"岸"式组团宜采用带状渗透布局。

滨水植被通常是水体空间不可或缺的一部分,水体与植被在微气候层面的叠加作用也成了国内外学者的研究热点。丁冬琳[45]对滨水绿地形态进行定量化分析,总结影响滨水微气候效应的关键性指标,以及合理的景观空间配置方式。Shi 等[46]通过实测和模拟证明了植被与水体存在协同冷却效应,并且植物叶面积指数会对冷却效果产生影响。Fung 等[27]研究了夏季不同天气状况下水体对于草地热环境的影响,认为存在树木遮阴的水体会对草地的热环境产生更有益的影响。Priya 等[39]认为树木能够提供额外的冷却效果,进一步增强水体的冷却效应,同时建议河道植物的排布应有利于冷却效应的扩散。Fan 等[47]进一步将水绿协同冷却效应聚焦于人体热舒适度层面,得出在滨水绿地中距水体 3~6 m 处设置居民活动空间,能够达到最佳室外舒适度。

1.3.3　村镇水体空间规划设计研究

水体作为夏热冬冷地区村镇的重要特点,与村镇的选址、总体格局、建筑及公共空间布局均有着紧密联系。从 1956 年起,就有学者从不同视角着手研究水体空间的规划设计,例如从水利视角改善水质、保护水源、解决防洪排涝问题,从景观视角注重水体空间与市民的互动关系。合理的水体空间规划设计不仅能够带来资源、交通、观赏等经济价值,还能从微气候层面提升人居环境的舒适度,进而对能源消耗的降低大有裨益。

针对村镇水体空间的研究起步较晚,从 2006 年起才逐渐兴起,在此之前的研究大多是围绕城市滨水空间设计展开的。传统村镇的水体空间组织有其自发性及多样性,水环境与村镇整体格局存在互相选择和互相作用的关系。金程宏[48]探讨水体对传统村镇布局与选址的影响,解析水体空间的自然要素、人工要素及营造手法,为现代人居环境建设提供传统气候适应性规划设计方法。马建辉[49]从人居环境、建筑布局、室内外空间等 3 个尺度分析水体在民居规划设计中的作用,总结苏南地区传统民居中水生态设计经验,并将其应用到实际项目设计中。傅娟等[50]从村镇形态与景观两个层面,解读南方地区传统村落的水环境适应性,同时总结生产性与生活性水景观特征。

近年来,随着我国新型城镇化的不断推进,村镇建设开始注重生态宜居与可持续发展,针对水体空间新建与改造规划设计的研究成果也不断涌现。基于自然条件、经济条件、社会因素等限制,村镇水系规划与城市存在较大差异。韩露菲[51]从生态、布局、安全、景观等 4 个层面对严寒地区村镇水系规划特征进行梳理,并提出相应的规划策略。黄溪南[52]在全面总结传统村落水体景观地域特征的基础上,结合现代景观营造技术,探索传统村落滨水空间活化思路。张彬彬等[53]以南通市通州区石港新镇区为例,基于水体生态系统、文化内涵、滨水景观和滨水功能层面,提出了小城镇水网组织、水体空间功能划分和净水的相关策略。李培[54]提出在滨水景观的设计过程中,应重视物理环境及舒适性因素,结合水体、植被、地形及周边建筑等要素,寻求满足微气候热舒适性需求的最优设计形式。

Lin 等[55]提出将生态基础设施建设纳入村镇规划和政策制定中,并以村民互动参与的模式,优化村镇生态景观设计。同时,国外学者也开展了大量对于村镇水体空间的生态规划研究,侧重于村镇居民与水体景观的互动关系,探究水体景观的规划利用与保护机制。Zabik 等[56]结合航拍影像和景观照片,研究村镇居民对于景观的感知与表达偏好,助推村镇规划中生态空间的保护发展。Yamashita[57]探讨成人与儿童对于水体景观的感知与评价,得出不同人群对于水体观赏距离、动态与静态、水质的个性偏好。

以上均为基于定性分析的经验总结研究,参数化手段的介入使村镇规划设计能够以大量的统计数据为基础,建立分析目标与村镇水体空间形态的关联性模型,以此指导空间规划设计。王长鹏[58]利用 CFD 模拟统计不同水面率条件下水体的降温状况,建立水面率与村镇平均温度、高温区比例的回归分析模型,得出满足降温指标的最小水面率指标。刘冉倩等[59]在微气候实地观测和数值模拟的基础上,探究村落山水格局与微气候舒适度之间的耦合关系,并利用 Grasshopper 和 R 语言等编程工具推演山水格局优化设计过程,为村镇山水格局的设计提供参数化辅助。Yang 等[60]采用风热环境模拟的方法,建立平均表面温度与水域面积、开放强度、不同功能用地占比的多元回归方程,用以初步预测新建区域的热环境状况,并给予针对性的规划控制意见。

1.3.4　总结与评价

根据上述研究现状可知,国内外学者在水体微气候效应方面和水体空间规划设计方面展开了大量研究,在研究的适用区域、对象、方向、方法等层面具有不同特征,具体总结如下。

（1）从研究的适用区域来看,对于水体微气候效应的影响研究在夏热冬冷地区、夏热冬暖地区、寒冷地区、严寒地区均有涉及。对于具有差异性局地气候的不同热工分区而言,水体微气候效应所产生的物理和心理层面的影响不尽相同,分区域的探讨研究能够得出更具针对性的气候适应性策略。

（2）从研究对象来看,大量研究将城市河流、湖泊,住区及广场内部景观水体作为主要研究对象,而较少关注村镇地区水体对于周边建成环境微气候的影响。

（3）从研究方向来看,目前国内外相关研究大多聚焦于水体对于城市热岛效应的缓和作用,主要关注水体空间景观规划设计、水体微气候效应的作用机制、水体微气候效应的影响因子等方面的研究。在影响因子研究方面主要包括水体深度、水体面积、水体布局方式、河岸绿化等水体的自身要素,季节、风速风向等水体所在环境的气候要素,以及滨水区域建筑形态要素。

（4）从研究方法来看,大量研究通过实测数据采集、计算机数值模拟以及社会学研究方法,探究水体微气候效应以及水体空间优化设计策略。实测数据采集方法主要包括既有气象资料采集、定点或移动现场测量等;计算机数值模拟方法以数值方程、CFD 流体力学模型、ENVI-met 微气候模型为典型代表;社会学研究方法包括调查问卷、访谈法及行为注记法。

虽然现状研究在水体对微气候环境的影响与优化研究方面已取得突破性进展,但仍存在如下问题与不足。

（1）目前针对水体微气候效应的研究集中于水体对于城市热岛效应的缓和作用层面,较少学者将研究对象设定为受自然环境及局地气候环境影响更大的村镇社区。并且由于村镇的地形地貌、选址布局以及空间形态与城市存在较大的差异,现有关于城市水体微气候效应的研究难以应用于村镇。因此,水体对于苏南地区村镇社区的微气候环境的影响效果尚不明朗,对于村镇社区这种特殊的聚落形态,气候适应性的规划设计方法研究尚未全面开展。

（2）目前针对水体微气候效应影响因素的研究,大多停留在单一因素（如水体形态、建筑形态、植被形态）对于微气候环境的影响研究上,尚未对各个影响因素之间的耦合作用机制进行定量层面的研究。

（3）在规划设计应用方面,针对水体空间的规划研究大多着眼于景观与生态效应,通过文献研究、现状调研提出定性层面的水体规划设计策略。较少研究将水体规划设计要素与村镇微气候环境评价建立联系,提出具有定量数据支撑,且基于热舒适层面的村镇水体空间优化策略。

1.4 研究对象与相关概念界定

1.4.1 研究对象与范围

对于研究区域的选取,本书将江苏省宜兴市作为主要研究区域。宜兴市地处江苏省西南段,紧临太湖西侧,属于亚热带季风气候,具有夏热冬冷地区的典型气候特征。

对于研究载体的选取,本书将村镇作为研究载体。所选的村镇类型为河网密布、地势平坦的平原村镇。该类型村镇的空间布局通常以水体空间格局作为核心空间,具有苏南地区村镇的代表性特征。所选村镇的规模大小控制在 5~35 ha,属于中小型自然村镇。

对于研究角度的选取,本书以水体空间和村镇微气候为两条主线,侧重于研究水体空间与村镇微气候环境的关联性,并以气候适应性优化设计为主要目标,针对基于水体微气候效应的村镇空间形态优化策略。

1.4.2 相关概念界定

1.4.2.1 村镇社区[61]

村镇主要指区别于城市的乡村与乡镇。乡镇是处于乡村与城镇之间过渡性的聚落,一般指位于深入农村腹地的镇,即乡村里的镇;而乡村则指规模较小的农村居民点。而村镇社区则将研究范围限定于有居民活动的公共生活区域居住区。相对于城市而言,村镇社区呈现出低密度的聚落分布特点。

1.4.2.2 微气候

Oke[62]将气候研究从尺度层面分为中尺度(Mesoscale)、局地尺度(Local scale)和微尺度(Microscale)。中尺度的研究层级为区域城市等级,水平尺度一般为 10~100 km 数量级;局地尺度的研究层级为城市片区等级,水平尺度一般为 1~10 km 数量级;微尺度的研究层级为街区与建筑组团等级,水平尺度在 0~1 000 m 数量级。本书将村镇室外微气候作为主要的研究尺度。微气候一般是指各地由于局地相对高度、地形条件、建筑形态、植被形态等带来的下垫面差异所产生的小范围气候特点[63]。在垂直尺度上,Batten 认为微气候是指从下垫面到 10~100 m 高度空间内的气候状况[64],处于前者所说的"微尺度"和部分"局地尺度",这也是人们在生活中普遍活动的范围。室外微气候运行原理详见图 1-1。

1.4.2.3 水体[65]

本书所研究的水体主要界定于流经村镇社区内部或边缘的线状水体,包括河流、溪流、水渠等,和村镇社区内部的面状水体,包括不同尺度的人工水池、池塘、湖泊等,以及村镇社区内部的点状水体,包括喷泉、水幕、水井等。本书主要从微气候角度针对村镇内部的中小型水体进行研究,因此对海洋、大江、大湖等大型水体不作过多讨论。

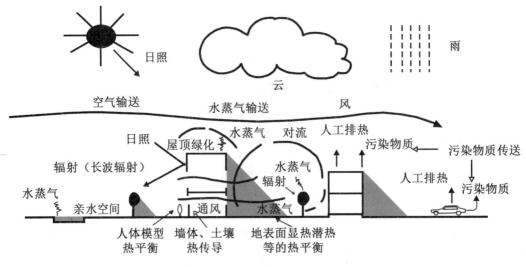

图 1-1　室外微气候运行原理[66]

1.4.2.4　水体微气候效应

水体微气候效应通常指水体对于微气候环境产生的影响,这种影响包括对空气温度、相对湿度、风速风向、人体热舒适所产生的综合性影响。本书以水体微气候效应为研究重点之一,探求其时空分布特征及影响因素。

1.4.2.5　村镇形态要素

村镇形态是指村镇各类用地空间所表现的几何形状,村镇形态要素是指描述村镇形态的各类指标。村镇社区是由建筑、道路、绿化、水体的不同排布而形成。村镇建筑空间形态可描述为建筑高度、总墙体面积、建筑密度、容积率;水体空间形态可描述为水体率、水体宽度、水体走向、水体分散程度、水体方位;绿化空间形态可描述为植被覆盖率。因此本书将村镇形态要素划分为建筑、绿化、水体等 3 类要素。

1.5　研究内容及方法

1.5.1　研究内容

1.5.1.1　村镇水体空间形态研究

以村镇社区中的水体空间为分析重点,通过文献阅读和实地调研等方式,总结村镇水体空间的基本构成要素,以及村镇规划中的水生态历史经验。同时选取宜兴地区具有典型性的村镇样本提取以水体形态为重点的村镇形态特征,并通过定性与定量结合的分类方法,进行村镇水体空间形态解析与分类。

1.5.1.2　村镇微气候评价与实测研究

以村镇微气候环境为分析特点,探究具有针对性的村镇微气候环境评价指标,其中包括单一指标评价以及综合性热舒适评价。针对热舒适度评价开发基于时间维度和空间维度的综合性评价指标,以评估村镇全年的热舒适度状况。在宜兴地区典型村镇中开展微气候调研,依照微气候评价指标分析不同空间类型的微气候状况,并重点分析水体对于热舒适度指标的影响。

1.5.1.3 村镇水体微气候效应研究

以宜兴地区典型村镇为研究案例,运用 ENVI-met 软件模拟典型村镇在冬、夏两季有、无水体等 4 种工况下的微气候状况,得到与单一指标评价、综合性热舒适评价相关的基础参数;通过有、无水体工况的微气候参数差值研究,分析水体存在对于村镇微气候环境的影响,以确定村镇水体的微气候效应作用机制。

1.5.1.4 村镇水体微气候效应影响要素研究

以宜兴地区典型村镇为研究案例,计算村镇水体对于空气温度与热舒适指标的冷却量化值,以及村镇形态要素指标,通过相关性分析、回归分析,量化分析村镇边界气象要素以及空间形态要素对于水体微气候冷却效应的影响。

1.5.1.5 基于热舒适提升的水体空间格局优化研究

以样本村镇水体空间的分类结果为基础,建立不同类型的水体空间格局基准模型,获取冬、夏两季典型气象日微气候状况,进而应用热舒适度评价指标对水体空间格局进行方案寻优,提出基于热舒适度提升的村镇水体空间格局优化设计策略,并应用实际村镇案例对优化策略进行验证。

1.5.2 研究方法

1.5.2.1 文献研究法

在项目研究过程中,通过 Elsevier(爱思唯尔)和中国知网等学术数据库,查阅大量有关村镇或城市微气候、水体微气候效应以及 ENVI-met 数值模拟的硕、博士研究生论文以及高质量的中英文期刊。此外,文献研究的内容也不局限于本研究领域,而是拓展到了各领域的前沿理论成果,探索创新性的研究方法与技术手段。

1.5.2.2 实地调研与定点测试

实地调研与测试主要围绕村镇空间形态特征与微气候环境特征展开。一方面,选取宜兴地区若干典型村镇进行实地调查,从定性与定量层面分析总结村镇水体空间形态特征。另一方面,选取典型案例进行室外微气候环境现场实测,测试数据包括空气温度、相对湿度、风速风向与黑球温度,用于总结村镇室外微气候环境时空分布特点,同时作为验证模拟数据有效性的基础数据。

1.5.2.3 数值模拟研究

数值模拟手段能够通过控制形态参数与气象参数,有针对性地对村镇微气候环境进行快速、高效、相对准确的预测。本研究应用 ENVI-met 软件对村镇微气候环境参数进行模拟计算,通过建立典型村镇物理模型以及不同水体空间格局的基准试验模型,为探究水体对村镇微气候环境的影响,以及总结基于热舒适度提升的村镇水体空间优化设计策略提供数据支撑。

1.5.2.4　统计分析法

统计分析法可通过对研究对象的规模、数量、范围等数值关系的定量分析,得到事物间的相关关系、发展趋势和变化规律。本书采用的统计分析方法包括聚类分析、相关性分析、回归分析。通过聚类分析,可对样本村镇空间形态类型进行归类与特征提取,以便总结出典型空间类型进行微气候环境分析;通过相关性分析,可确定村镇边界气象要素或空间形态要素对微气候环境指标的显著性及重要程度,同时也可进一步得出二者间的线性相关程度及线性趋势;通过回归分析,可构建村镇边界气象要素或空间形态要素与微气候指标之间的函数关系,进一步在微气候层面指导村镇的规划设计。

1.5.3　研究框架

依据研究内容将本书框架分为研究基础、理论研究、实证研究、模拟研究、优化研究与研究结论等 6 部分,如图 1-2 所示。其中研究基础包含研究背景、研究目的及意义、国内外研究现状、研究内容及方法;理论研究包含村镇水体空间现状解析及村镇微气候环境评价方法与实测分析;实证研究包含宜兴地区村镇水体空间现状调研、宜兴地区典型村镇微气候测试;模拟研究包含村镇水体微气候效应及其影响要素分析;优化研究包含基于热舒适度提升的水体空间格局优化设计研究。

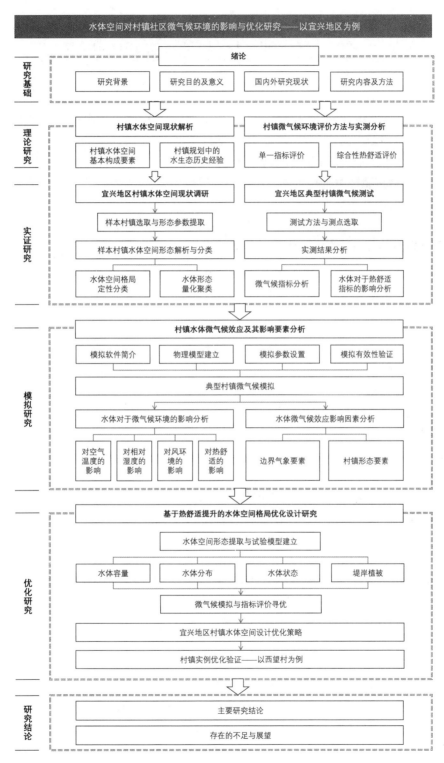

图 1-2　研究框架图（图片来源：著者自绘）

第二章　村镇水体空间现状解析

　　苏南地区水网密集,村镇形态千变万化,水体与建筑空间也呈现出复杂的交织关系。本章以村镇水体空间形态为切入点,首先,浅析了村镇水体空间的基本构成要素,以及与村镇规划相关的水生态历史经验;其次,以宜兴地区太湖溇区村镇为例,选取了 5 个中心镇区范围内的 30 个自然村镇样本进行水体空间形态解析与分类,以分析总结村镇水体空间格局特征及聚类量化参数。

2.1　村镇水体空间基本构成要素

2.1.1　水体要素

　　村镇水体系统可分为自然水体与人工水体,其中自然水体由河流、湖泊、湿地、沼泽等地表水或地下水组成,人工水系包括村镇给排水系统(如引水渠、排水渠)、蓄水系统(如沟渠、池塘)及景观水体等。

　　以水体尺度为分类依据[66],可将水体分为大型水体、中型水体及小型水体。大型水体是指村镇周边的海洋、江河、湖泊,其中湖泊面积一般在 2 km² 以上,如太湖、洞庭湖、杭州西湖、玄武湖等,江河宽度一般在 100 m 以上,如黄浦江、钱塘江、瓯江等。中型水体一般指宽度在 100 m 以下的河流、溪流及面积在 2 km² 以下的湖泊、池塘。小型水体是指村镇内部的小型水渠、水池、水井等。

　　以水体形态为分类依据[67],可将水体分为面状、线状、点状。面状水体主要是指湖泊、池塘、水池等;线状水体主要指河流、溪流、人工水渠等;点状水体主要指景观水池、喷泉、水幕、水井等。

　　以水体状态为分类依据[68],可将水体分为静水、流水、跌水、喷水。"静水"是水体状态中最为基础的形式,一般指不受重力和压力影响的自然水面,如池塘、景观水池等。"流水"是指因重力或密度差异而流动的江河、溪流等水体形式。"喷水"是指受到压力而上喷的喷泉、涌泉等水体形式。"跌水"是指因高度差异而下跌形成的瀑布、水帘等水体形式。

2.1.2　堤岸要素

　　村镇中的水体堤岸可归类为自然堤岸与人工堤岸[51]。自然堤岸由于不断受到不同流速、流量、流向的水体冲击,会形成形状各异的水岸线。凸状水岸线景观视野开敞辽阔,宜设置公共活动空间;凹状水岸线,内聚性强,且水体深度较大,适宜设置码头等。人工堤岸在历史上建造的主要目的是防范洪水,通常采用石材构筑。近年来随着对水体生态、水体景观的重视,人工堤岸也兼具生产、生活及景观等功能,如通过设置水埠供居民日常洗涤、垂钓、观景,或设置码头供船只停泊,或设置临河游步道,种植植被,营造堤岸滨水景观。

2.1.3　植被要素

植被与水体二者通常以组合的形式出现,体现出密不可分的联系。依据品类,植被可分为乔木、灌木和草本,共同构成了不同的植物三维空间。滨水植被不仅可以保持水土,维持自然环境的安全性,还能降解水体中的污染物,同时还能通过变换不同类型的植被,丰富水体景观层次。此外"水—绿"复合结构已被证明具有明显的微气候改善效应,能够调节周边环境的温湿度以提升室外微气候环境的舒适度。

2.1.4　公共空间要素

滨水公共空间一般指为村镇居民提供公共生活功能的近水场所,在空间形态上相对开敞。其中作为典型滨水公共空间的水岸广场,在苏南地区通常会成为村镇的标志性空间,可作为村镇入口或公共集会空间,极大地满足了村民的日常交流、健身娱乐等公共生活需求。此外,开敞的滨水公共空间配置会产生不同于村镇内部街道空间的微气候环境,同时也会对周边水体的降温增湿效应产生影响。

2.2　村镇规划中的水体生态历史经验

苏南地区水系发达,水网密布,平原与丘陵地带共存。以宜兴市为例,村镇大多依水而建,傍水而居。水系的存在对村镇选址、空间布局、朝向均产生了直接影响,同时也改变了局地气候环境。苏南传统村镇的规划布局与水系存在密切的联系,同时也蕴含着众多水体生态历史经验。

2.2.1　村镇选址与风水理论

自古以来,风水理论作为古代指导人们进行民居选址布局的理论,对聚落的产生与演变都起着重要作用。风水术凝结了我国五千年历史中先辈们在城市、民居选址方面的智慧,最早可追溯至原始社会时代。风水术在融合历史、文化、艺术的基础上,将自然环境和礼乐秩序紧密联系在一起,目的在于营造天人合一的居住场所,更通过各种实践成了一门具有科学性、系统性的学科[69]。虽然风水术确实有封建迷信的成分,但其中仍然蕴含着对于地理、气候的实际考量,对于现代村镇的规划设计具有一定的参考价值。

"负阴抱阳,背山面水"是古代风水观念中村落选址的最佳选择。山之南水之北为阳,那么"负阴抱阳"就要求村落坐北朝南,背靠被称作来龙山的主山,山势顺着两侧向前延伸,形成青龙山与白虎山。村址前的被称作"冠带水"的水道向南突起,以防止村址被水流冲刷,并且水道南侧有案山作为对景[70]。将古代这种风水观念置于地理气候层面去分析,同样具备其科学依据。村镇背靠的山体可以作为阻挡冬季寒风的屏障,南面开阔的水体区域可以将夏季凉风引入村镇内部,有助于降温增湿,改善微气候环境,同时北高南低的格局也使村镇获得了更充足的日照。

在这种规划模式下,考虑到水体对于居住环境微气候的影响,一般将村镇规划于水体的西北侧,在地理条件允许的前提下依山而建,形成"背山面水"的最佳格局。与此同时,由于水流在经过弯曲的河道时,通常由凸岸向凹岸冲刷,凹岸容易受到水力的破坏,不适合建造房屋;而凸岸由于常年存在泥沙堆积的情况更适合立基[71],因此村镇常常选址在河流凸岸一侧。

2.2.2 村镇水体空间的利用方式

苏南水乡村镇通常沿河而建,村镇内部主、次河道交错,或呈鱼骨状,或呈棋盘式,能够形成调节村镇内部通风环境的廊道,同时达到降温增湿的效果。村镇规划布局中对于水体空间的利用可分为如下两个层次。

第一个层次是对于村镇外部自然水系的利用。苏南地区村镇通常沿河布局,并呈现"带形"发展的趋势,如图 2-1 所示。同时村镇内部的建筑通常平行或垂直水体进行布局,并且常常依据河流走向改变朝向。在这一布局模式下穿镇而过的水体及其沿岸空间易形成平行于主导风向的通风廊道,改善村镇的微气候环境状况。与此同时,除了沿河主要开敞空间外,宅院与宅院之间形成的垂直于河道、向村镇内部延伸的巷道,有利于形成大面积阴影空间,在减少太阳辐射热,保持较低温度的同时,与周围形成的压强差,也利于风道的形成,起到通风散热的作用。

图 2-1 宜兴市葛渎村总平面布局图(图片来源:著者自绘)

第二个层次是对于村镇内部水体的利用。常见的方式为引水入村——将水系引入村镇内部形成小型河流,或在村镇内部设置小型池塘或湖泊。比如常见引水设施"水圳"的设置,其可将农业生产灌溉用水引入村中,同时兼备泄洪、日常生活使用等功能。水圳的引入也起到消防、调节微气候等附加性作用,并且进一步丰富了村镇景观,成为村镇规划改造中的惯用元素。此外,在这一利用维度上,民居通常临水而建,水体、街道、民居三者在纵向或横向空间上可形成多变的层次,如图 2-2 所示。设计者可通过丰富的设计手法产生各具特色的空间形式,如水埠、水岸广场、桥头空间等。

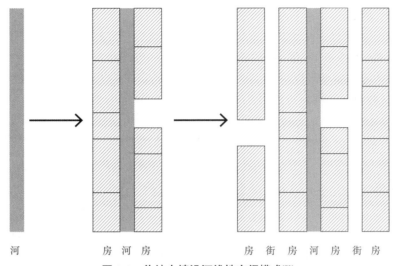

河   房 河 房   房 街 房 河 房 街 房

图 2-2 传统古镇沿河线性空间模式[72]

2.3 宜兴地区村镇水体空间形态解析与分类

2.3.1 研究区域地理与气候概况

宜兴市位于北纬 31° 07′ ~31° 37′,东经 119° 31′ ~120° 03′,地处江苏省的西南部,东部紧临太湖,东南临浙江省长兴县,西南接安徽省广德市,西接常州市溧阳市,西北毗连常州市金坛区,北与常州市武进区相傍。地势呈现南高北低之势,西南部为低山丘陵,东部为太湖渎区,北部和西部分别为平原区和低洼圩田。全市总面积 1 996.6 km²,其中太湖水面占242.29 km²。全市共有 13 个镇、5 个街道、207 个行政村、102 个社区。户籍总人口 107.58 万人,全年出生 7 038 人,人口自然增长率为-0.246%[73]。

宜兴市属于北亚热带南部季风区,常年主导风向为东南风,冬季多西北风。按照我国的气候分区制度[74],宜兴市属于夏热冬冷地区中的ⅢB 区。夏季闷热,冬季湿冷,气温日较差小;受太湖水汽的影响,宜兴降水量丰沛,春、夏两季集中了全年 70%左右的雨水;日照量偏少,2020 年全年日照时数为 1 663 小时左右,年日照百分率在 37%左右。春末夏初为该地区的梅雨期,多出现阴雨天气,并伴有大雨和暴雨[75]。

本书将研究范围聚焦于宜兴市东部太湖渎区村镇,其中包括丁蜀镇、周铁镇、新庄街道、芳桥街道、宜城街道等 5 个中心镇区。该地区的村镇属于河网密布型平原村镇,整体地形以平原为主,地势平坦,海拔高度为 5~10 m。由于地处太湖边缘,降水丰沛,村镇内部河道纵横交错,形成了以水体空间为主的村镇整体空间格局。这体现在村镇内部的建筑朝向通常随着河流走向的改变而变化,公共活动空间大多沿河布置,河道空间承载了公共交通、日常生产生活、休闲娱乐等重要功能。

2.3.2　典型村镇样本选取

根据实地调研以及相关地理信息数据的完整程度,以《宜兴市镇村布局规划(2021版)》[76]中所标明的自然村为参照,选取宜兴市5个中心镇区(包括宜城街道、新庄街道、芳桥街道、丁蜀镇、周铁镇)范围内共30个村庄进行样本研究,见表2-1。所选村镇位于太湖西北岸,属于水网密集型平原村镇,从空间形态以及位置分布上都涵盖了该地区村镇的大部分特征。所选村镇的面积规模控制在5~35 ha,属于中小型自然村镇。

表2-1　典型村镇样本统计

镇/街道	自然村
丁蜀镇	头庄、河南、西望(西)、西望(东)、湾里、洋渚、毛旗
新庄街道	男留、澄渎、茭渎
芳桥街道	朝北、后村、云巢、西村、北大圩、梅子境
宜城街道	大塍
周铁镇	洋溪、旧渎、和渎、下邾街、葛渎、欧毛渎、周铁、沙塘、王茇、棠下、章茂、前观、分水

2.3.3　空间形态提取方法

本书应用ArcGIS PRO加载由国家基础地理信息中心发布的天地图矢量底图,对村镇边界与水体边界进行自动提取与重绘。在村镇与水体边界确定之前,需要对村镇内部建筑及水体进行矢量提取。具体流程如图2-3所示,详细步骤如下。

(1)下载包含村镇整体范围的天地图电子地图切片;

(2)在ArcGIS中载入地图切片,通过控制点进行地理配准,保存为栅格数据;

(3)加载上述栅格数据中的单波段数据,利用重分类工具对栅格数据进行二值化处理;

(4)新建shp要素,通过矢量化工具生成建筑与水体的矢量图形。

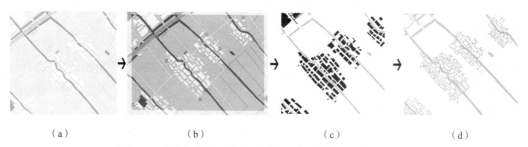

(a)　　　　　　　(b)　　　　　　　(c)　　　　　　　(d)

图2-3　建筑与水体轮廓提取流程图(图片来源:著者自绘)
(a)天地图切片下载　(b)地理配准　(c)栅格重分类　(d)栅格矢量化

由于本书所选样本村镇为自然村,无明确的行政边界,因此需要对村镇边界的界定方法进行选取。村镇边界通常定义为村内空间和村外空间的边界,由建筑单体的实边界和建筑单体之间的虚边界组成,用以描述中观尺度村镇的空间形态。浦欣成[77]对村镇聚落的虚边界尺度进行了详细考量,设定 3 种不同的虚边界尺度以探究聚落的边界形态,这 3 种尺度分别将 7 m、30 m、100 m 作为村镇边界的可跨越尺度。陆佳薇[78]在前者研究的基础上,将这种村镇边界界定方法应用于苏南水乡村镇,得出将 30 m 作为可跨越尺度更能表征苏南村镇的整体形态。因此本书采用 30 m 可跨越尺度统一界定村镇边界形态,边界绘制结果如图 2-4 所示。水体边界可直接通过天地图矢量化后的水体图块获取,并用村镇边界进行剪裁处理。

图 2-4　葛㳇村边界绘制示例(图片来源:著者自绘)

2.3.4　基于水体形态的村镇空间格局分类

依据样本村镇的边界形态、建筑形态与水体形态,分析总结宜兴地区样本村镇的水体及建筑布局特点,见表 2-2~表 2-6。

2.3.4.1　建筑与水体的结构关系

由于样本村镇均位于太湖渎区地带,太湖所衍生出来的水系导致了这些村镇水网密布的总体格局。进一步观察发现,由于样本村镇位于太湖的西北岸,大量水体呈现由东向西汇入太湖的趋势,同时这些汇入太湖的水体也衍生出许多支流,呈现出水网交错纵横的总体态势。

根据样本村镇的统计结果可知,"一字"穿越式布局表现为"一河两岸"或"一主河+多支流"的带形布局形式。"一河两岸"布局模式是宜兴地区村镇最主要的水体布局模式,如棠下村、欧毛渎村、葛㳇村、旧渎村、朝北村、后村、西村、云巢村、梅子境村。这是由于太湖周边水系大部分为由东向西,位于沿岸的村镇常常沿着水系发展出自然聚落。该形式下的建筑一般布置在水体的一侧或两侧,随着宜兴地区村镇的不断发展扩张以及对水体利用率的不断提升,两侧布局的形式更为常见。流经村镇的单条河流常常形成垂直方向上宽度较小的支流,从而将村镇分割为更多部分,形成"一主河+多支流"的带形布局,如前观村、王茂村、沙塘村、和渎村。

表 2-2　周铁镇样本村镇空间格局

村镇	卫星图像	村镇与水体结构关系	建筑布局	水体形态
分水		"L 形"交叉式布局 	混合式	线状、点状
前观		"丁字"交叉式布局 	行列式	线状
章茂		平行穿越式布局 	行列式	线状
棠下		"一字"穿越式布局 	行列式	线状
王茂		"丁字"交叉式布局 	行列式	线状

续表

村镇	卫星图像	村镇与水体结构关系	建筑布局	水体形态
周铁		"十字"交叉式布局 	混合式	线状
沙塘		"一字"穿越式布局 	行列式	线状
欧毛渎		"一字"穿越式布局 	行列式	线状
葛渎		"一字"穿越式布局 	行列式	线状、点状

村镇	卫星图像	村镇与水体结构关系	建筑布局	水体形态
下邾街		"丁字"交叉式布局	混合式	线状
和渡		"一字"穿越式布局	行列式	线状
旧渡		"一字"穿越式布局	行列式	线状、点状
洋溪		混合式布局	行列式	线状

表 2-3　芳桥街道样本村镇空间格局

村镇	卫星图像	村镇与水体结构关系	建筑布局	水体形态
朝北		"一字"穿越式布局	混合式	线状
后村		"一字"穿越式布局	混合式	线状
西村		"一字"穿越式布局	行列式	线状
云巢		"一字"穿越式布局	行列式	线状
北大圩		"十字"交叉式布局	行列式	线状、点状
梅子境		"一字"穿越式布局	行列式	线状

表 2-4　宜城街道样本村镇空间格局

村镇	卫星图像	村镇与水体结构关系	建筑布局	水体形态
大塍		平行穿越式布局 	行列式	线状

表 2-5　新庄街道样本村镇空间格局

村镇	卫星图像	村镇与水体结构关系	建筑布局	水体形态
男留		混合式布局 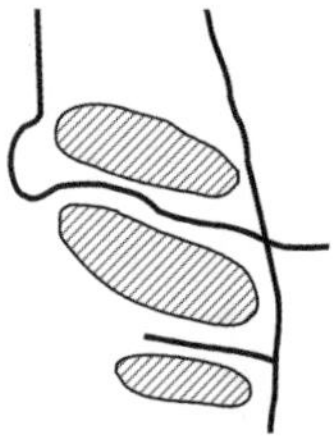	行列式	线状、面状
澄渎	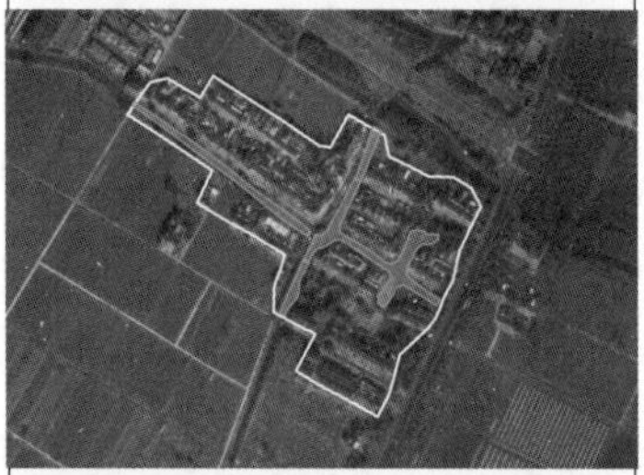	"十字"交叉式布局 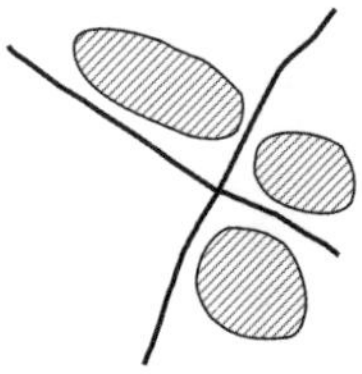	行列式	线状
茭渎		"十字"交叉式布局 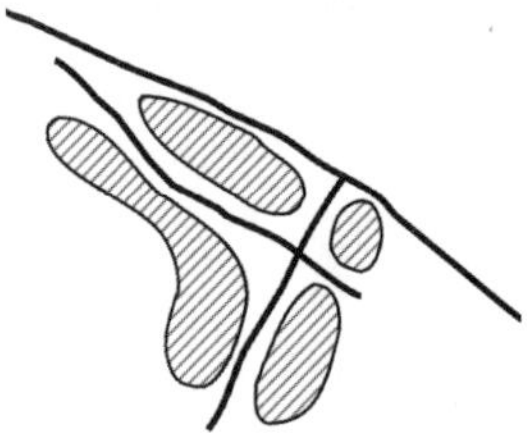	行列式	线状

表 2-6　丁蜀镇样本村镇空间格局

村镇	卫星图像	村镇与水体结构关系	建筑布局	水体形态
毛旗		混合式布局 	行列式	线状
洋渚		混合式布局 	行列式	线状
湾里		"丁字"交叉式布局 	行列式	线状
河南		混合式布局 	行列式	线状
西望 （西）		"L 形"交叉式布局 	行列式	线状

村镇	卫星图像	村镇与水体结构关系	建筑布局	水体形态
西望 (东)		混合式布局 	行列式	线状、面状
头庄		"十字"交叉式布局 	行列式	线性

"十字""丁字""L形"交叉式布局表现为多条宽度相当的河流在村镇内部交叉布局。村镇被河道切割成几个部分,平面肌理表现出向四周扩展的态势,具有明显的发散性,但人们公共生活的焦点通常聚集在河道交叉处附近。例如,周铁村、北大圩村、澄渎村、荶渎村、头庄村中的河流呈现"十字"交叉状;分水村、西望村(西)呈现"L形"交叉分布;下邾街村、湾里村呈"丁字"形。

平行穿越式布局表现为两条河流平行穿越村镇内部,将村镇空间平行分为几个部分,例如,章茂村、大塍村。

混合式布局形式表现为村镇被3条及以上交错纵横的水道切割,呈现出棋盘状团形布局。纵横交错的河口通常是该类型村镇交通与公共活动的焦点,例如,洋溪村、男留村、毛旗村、洋渚村、河南村、西望村(东)。

2.3.4.2 建筑布局

由样本统计结果可知,行列式是宜兴地区村镇建筑的主要布局形式,这类村镇大多经历了拆除与重建,具有现代统一规划的典型特征,如西望村、湾里村、洋渚村等。混合式村镇中保留了大量的传统建筑,建筑形式较为杂乱,反映到村镇肌理上也呈现出视觉上的无序,如周铁村、下邾街村等。表2-7为以周铁村为代表的混合式村镇与以西望村为代表的行列式村镇的指标统计。从建筑容量来看,混合式布局村镇的建筑密度与容积率均大于行列式村镇,表明其建筑布局较为繁密;从水体与绿化指标来看,行列式的蓝绿空间占比要高于混合式,拥有更多的开敞景观空间。

表 2-7 "混合式"与"行列式"布局村镇指标统计

村镇类型	混合式——以周铁村为例	行列式——以西望村为例
村域面积	165 365.73 m²	172 255.26 m²
建筑密度	44.95%	35.93%
容积率	0.85	0.64
平均建筑高度	6.05 m	5.84 m
水体率	8.96%	11.78%
绿化率	9.53%	15.57%

除了建筑的固有形态,水体的走向和形式也深刻影响了村镇内部的建筑布局,发展出不同的布局形式。当水体为东西走向时,建筑大多沿水体的一侧或两侧展开,呈现出"建筑—街道—水体""建筑—街道—水体—街道—建筑"或"建筑—水体—建筑"的布局模式。当水体为南北走向时,建筑物会呈现两种不同布局方式:一种是根据河流走向调整朝向,建筑主立面朝向水体;另一种是考虑良好朝向的需求,建筑仍旧坐北朝南,形成垂直于水体的布局形式。前者呈现出连续性的沿河立面,后者在沿河界面上会形成多条巷道深入村镇内部。通过观察样本村镇可以发现,前者常常出现在混合式布局的传统村镇中,而新建的行列式村镇大多保持坐北朝南的最佳朝向,不再顺应水体走向。

2.3.4.3 水体几何形态与物理状态

根据样本村镇的统计情况,流经村镇的水体以线性河流为主,同时也存在少量面状池塘及点状的水井。观察村镇的河流形态可以发现,村镇中的线性河流一般为自然存在的水体,其中有少部分自然水体的岸线经过人工改造形成了砖石堤岸,同时建造了水埠、码头、观景平台等具有功能性的堤岸空间。此外还存在小部分河道被混凝土地面所覆盖转而成为地下河,在卫星地图上表现为河流的连续性被陆地所打断。

依据上文,水体状态可分为静水、流水、跌水、喷水。宜兴地区村镇中的河流多为"流水"状态,存在小部分河流由于被陆地阻断而形成的"静水"状态。此外还存在面状池塘和点状水井为载体的"静水"状态。

2.3.5 村镇水体形态量化分类

在对水体与村镇结构做出定性分类后,本节应用 ArcGIS 进行水体指标的计算与统计,以量化村镇中的水体容量与水体走向,为后文探究不同形态与布局的水体对于村镇微气候的影响提供样本数据支撑。

2.3.5.1 水体容量聚类

水体率是反映村镇中水体容量最为直观的参数。同时由于样本村镇中近乎所有水体均为线性河流,这种特殊的几何形态,也可以用长度和宽度来表征其几何特征。本节利用上文中所提取的水体轮廓与村镇边界,统计村镇面积、村镇内水体面积、水体率、水体平均宽度、水体长度等量化参数,以表征村镇中的水体容量,见表 2-8。相关指标的定义参考了中华人民共和国水利部对于流域的相关解释[79],同时考虑村镇尺度指标计算的可行性,进行重新定义。村镇面积是 2.3.3 节所提取的村镇边界范围内的土地面积总和；水体面积是村镇边界范围内的水体面积总和；水体率是指村镇边界范围内水体面积与村镇面积的比率；水体长度是指村镇边界范围内河流的几何中心轴长；水体平均宽度是水体面积与水体长度的比值，比值越小，河流越狭长。

表 2-8　样本村镇水体容量指标统计

村镇	村镇面积/m²	水体面积/m²	水体率	水体平均宽度/m	水体长度/m
北大圩	126 067.91	32 650.30	0.26	25.63	1 273.72
朝北	72 543.00	5 694.32	0.08	18.89	301.46
澄溇	93 739.52	9 822.62	0.10	10.64	923.36
大塍	90 440.28	8 988.98	0.10	10.96	820.32
分水	160 645.89	43 867.57	0.27	45.70	959.80
葛溇	112 348.47	5 915.67	0.05	8.95	661.25
和溇	105 265.00	7 463.83	0.07	8.76	852.19
后村	102 717.09	10 841.00	0.11	14.05	771.33
下邾街	183 941.08	13 458.19	0.07	11.27	1 193.88
茭溇	279 577.52	41 104.16	0.15	17.00	2 417.47
旧溇	139 994.27	11 221.16	0.08	11.56	970.97
毛旗	219 182.48	46 305.65	0.21	19.42	2 384.19
梅子境	103 851.93	16 361.60	0.16	15.46	1 058.31
男留	149 776.51	27 060.57	0.18	14.71	1 839.40
欧毛溇	55 982.98	4 291.76	0.08	10.25	418.56
前观	87 462.93	19 157.17	0.22	24.75	773.94
沙塘	380 755.90	76 119.44	0.20	35.62	2 137.03
河南	271 218.62	34 489.45	0.13	12.54	2 750.45
棠下	89 520.61	8 135.59	0.09	10.86	748.99
头庄	228 278.77	17 427.44	0.08	10.83	1 608.86
湾里	145 649.80	9 917.80	0.07	10.52	942.48
王茂	98 681.59	12 508.83	0.13	14.43	867.12
西村	61 930.45	8 128.96	0.13	15.10	538.50
西望（西）	249 684.78	22 245.97	0.09	15.08	1 475.66
西望（东）	172 255.26	26 885.23	0.16	14.27	1 883.70
洋溪	260 273.08	20 340.90	0.08	10.22	1 990.34
洋渚	335 787.01	19 977.22	0.06	11.27	1 773.09
云巢	58 782.19	5 866.32	0.10	11.51	509.59
章茂	64 055.90	7 004.29	0.11	9.25	757.31
周铁	165 365.73	18 820.36	0.11	17.46	1 078.18

在完成指标统计后,可通过 SPSS 软件进行整合聚类,以分析得出可涵盖样本村镇所有水体容量特征的分类典型。由于样本村镇中存在规模上的差异,水体面积、水体总长度均会受到村镇总面积的影响,无法较好地反映村镇水体容量特点,因此采用水体率和水体宽度对样本村镇的水体容量进行聚类。

SPSS 中的聚类方法分为 k 均值聚类和系统聚类,本书采用的是 k 均值聚类。k 均值算法的目标是将 n 个对象依据对象之间的相似度聚集到 k 个类簇中,保证每个对象属于且仅属于一个其自身到聚类中心距离最小的类簇中,具体运算过程如下。

(1)首先需要将 k 个聚类中心进行初始化梳理,并计算每个对象到每个聚类中心的欧式距离。欧式距离的计算方法如式(2-1)所示[80]。

$$\mathrm{dis}(X_i, C_j) = \sqrt{\sum_{t=1}^{m}(X_{it} - C_{jt})^2} \tag{2-1}$$

式中:X_i——第 i 个对象($1 \leqslant i \leqslant n$);

　　　C_j——第 j 个聚类中心($1 \leqslant j \leqslant k$);

　　　X_{it}——第 i 个对象的第 t 个属性($1 \leqslant t \leqslant m$);

　　　C_{jt}——第 j 个聚类中心的第 t 个属性。

(2)依次比较每一个对象到每一个聚类中心的距离,将对象分配到距离最近的聚类中心的类簇中,得到 k 个类簇。

(3)重新计算每一聚类中所有点的均值,并将其作为新的聚类中心。均值计算公式如式(2-2)所示[80]。

$$C_l = \frac{\sum_{X_i \in S_l} X_i}{|S_l|} \tag{2-2}$$

式中:C_l——第 l 个聚类的中心($1 \leqslant l \leqslant k$);

　　　$|S_l|$——第 l 个类簇中对象的个数;

　　　X_i——第 l 个类簇中的第 i 个对象($1 \leqslant i \leqslant |S_l|$)。

(4)重复(2)、(3)步骤,直至聚类中心不再发生变化,或者算法达到预设的迭代次数,或者聚类中心的改变小于预先设定的阈值。

k 均值聚类可自主输入聚类数,以寻求合适的组间距离,从而获得组与组之间有明显差异的效果。在聚类之前,首先对参与聚类的特征数据进行标准化处理,消除量纲的影响。其次尝试用不同的聚类数进行聚类,综合考虑聚类数和组间距离,同时使用簇内误差平方和 SSE 评估聚类结果。每个 k 值所对应的 SSE 值表示在 k 个类簇情况下每一簇内的点到该聚类中心点的距离误差平方和。SSE 值的计算公式如式(2-3)所示[80]。

$$SSE = \sum_{i=1}^{k} \sum_{p \in S_i} |p - C_i|^2 \tag{2-3}$$

式中:S_i——第 i 个簇($1 \leqslant i \leqslant k$);

　　　p——S_i 中的样本点;

　　　C_i——S_i 的聚类中心。

理论上而言，*SSE* 的值越小，则该 *k* 值情况下的聚类效果越好。但当 *k* 值过大时，聚类分析则失去了其总结样本特征的意义，无法获得理想分类结果。因此需要选取合适的 *k* 值范围进行聚类。其中最常用方法是计算不同 *k* 值下的聚类结果的 *SSE*，通过画出 *k*-*SSE* 的变化曲线，选取曲线中出现下降幅度骤变的点作为聚类分析的 *k* 值。

如图 2-5 所示，下降幅度的拐点出现在 *k*=5 时，因此以 5 作为聚类数进行后续水体容量聚类分析。聚类分析最终在迭代了 3 次以后不再发生聚类中心的变化，实现了结果收敛。

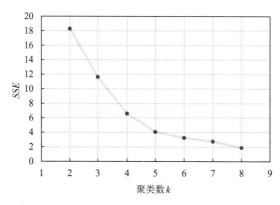

图 2-5　不同聚类数 *k* 设置下的聚类结果 *SSE* 值（图片来源：著者自绘）

表 2-9 为最终形成的 5 类水体容量特征聚类中心，表 2-10 为村镇个案与聚类中心的欧式距离，图 2-6 为村镇个案与聚类中心的数据分布图。由上述图表可知，聚类结果能够形成合适的组间距离与组内距离。通过观察聚类结果可以发现，样本村镇内的水体大多是宽度为 10~20 m 的小型河流，村镇水体率也大部分在 0.20 以下。共有 17 个村镇被归类为 4 号，村镇内部水体平均宽度均在 11.53 m 附近，水体率在 0.08 附近；8 个村镇被归类为 3 号，水体平均宽度在 15.13 m 附近，水体率在 0.14 附近；3 个村镇被归类为 1 号，水体平均宽度在 23.14 m 附近，水体率在 0.23 附近；1 个村镇被归类为 2 号，水体平均宽度在 35.28 m 附近，水体率在 20% 附近；1 个村镇被归类为 5 号，水体平均宽度在 45.20 m 附近，水体率在 0.27 附近。因此后续分析将围绕 12 m、15 m、23 m、35 m、45 m 宽度的水体及相应的水体率，展开村镇微气候优化的探讨。

表 2-9　最终聚类中心

聚类编号	1	2	3	4	5
水体平均宽度/m	23.14	35.28	15.13	11.53	45.20
水体率	0.23	0.20	0.14	0.08	0.27
村镇个数	3	1	8	17	1

表 2-10 村镇个案与聚类中心的欧氏距离

个案编号	村镇	聚类编号	欧式距离
1	北大圩	1	0.573
2	朝北	4	0.917
3	澄渎	4	0.380
4	大滕	4	0.282
5	分水	5	0.000
6	葛渎	4	0.600
7	和渎	4	0.391
8	后村	4	0.495
9	下邾街	4	0.170
10	茭渎	3	0.244
11	旧渎	4	0.051
12	毛旗	1	0.567
13	梅子境	3	0.257
14	男前	3	0.646
15	欧毛渎	4	0.184
16	前观	1	0.257
17	沙塘	2	0.000
18	河南	3	0.410
19	棠下	4	0.150
20	头庄	4	0.138
21	湾里	4	0.279
22	王茂	3	0.280
23	西村	3	0.190
24	西望(西)	4	0.456
25	西望(东)	3	0.251
26	洋溪	4	0.174
27	洋渚	4	0.400
28	云巢	4	0.282
29	章茂	4	0.520
30	周铁	3	0.564

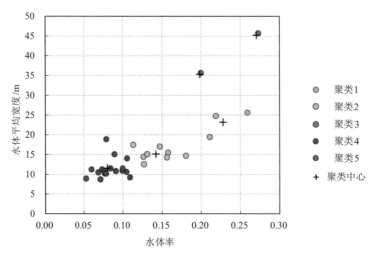

图 2-6　村镇个案与聚类中心数据分布图(图片来源:著者自绘)

2.3.5.2　水体走向频率分析

　　水体走向是指村镇内部水体的走向角度。统计标准:①以正北向作为 0°(360°),沿顺时针方向角度不断增大;②以每条径流作为基本统计单位;③长度超过 50 m 则作为一条单独径流计算。

　　水体走向无法计算平均值从而得到一个具有代表性的特征量。并且角度数据具有首尾相接的特殊性质,若通过 SPSS 软件进行聚类分析,则对于 0°(360°)附近的走向聚类存在不准确的情况。因此采用频率统计的方式对水体走向进行特征提取;同时需要依据每条径流的长度对水体走向进行加权,长度越大的水体其对应走向所占的频率越大,从而求得较为准确的水体走向分类特征值。

　　根据统计结果图 2-7 可知,加权频率最高的两个角度范围为 15°~25°、105°~115°。这

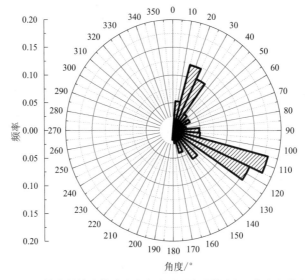

图 2-7　样本村镇水体走向加权频率图(图片来源:著者自绘)

与村镇卫星图中所观察到的结论相符,河流走向大多分为两个趋势,即东西向和南北向。因此在后续的理想模型建立中,以 20° 和 110° 作为河流走向的取值,周边建筑依据河流走向进行调整,保持与水体平行的朝向布局。

2.4　本章小结

本章以村镇社区中的水体空间为分析重点,首先浅析了村镇水体空间的基本构成要素以及与村镇规划相关的水体生态历史经验。水体自身、堤岸、植被及滨水公共空间共同构成了村镇水体空间。苏南水乡地区村镇规划布局与水体空间有着密切联系,从选址布局到内部空间格局,都在历史演进中留存了大量提升气候适应性的生态策略,如选址方面的历史经验以及村镇内部丰富的水体利用方式,等等。

其次,以宜兴地区太湖渎区村镇为例,选取了 5 个中心镇区范围内的 30 个自然村镇样本进行水体空间形态解析与分类。对于村镇整体水体空间格局而言,可分为“一字”穿越式布局、“十字”“丁字”“L 形”交叉式布局、平行穿越式布局、混合式布局等形式。对于建筑布局而言,可分为混合式和行列式,行列式为宜兴地区村镇的主要布局类型。对于水体几何形态而言,宜兴地区村镇水体以流动的线性水体为主,同时存在少量以“静水”为主的面状池塘及点状水井。同时本章也从形态量化层面,自动提取村镇形态边界,计算水体容量、水体走向等特征参数。通过 k 均值聚类分析得出 12 m、15 m、23 m、35 m、45 m 的水体宽度以及相应的水体率可代表样本村镇的水体容量特征。通过计算水体走向加权频率,得出与正北方向呈 20° 和 110° 夹角是样本村镇中较为典型的水体走向特征。

第三章　村镇微气候环境评价方法
及实测分析

对于中小尺度的气候物理环境而言,亟须建立一套具有针对性的评价和实测方法,进而从定性和定量、粗略和精确层面上,在微气候层面上对村镇的宜居性进行综合评估。因此本章以村镇微气候环境为重点,探究针对村镇的微气候环境评价方法,并在宜兴地区典型村镇中开展实地调研,依照微气候环境评价方法分析不同空间类型的各项微气候指标,并着重分析了测点与水体的距离对于热舒适度指标的影响,以此总结得出不同空间类型的微气候特点。

3.1　微气候环境评价方法

微气候环境涉及影响热湿环境、风环境的单一评价指标与影响热舒适度状况的综合性评价指标。

3.1.1　单一指标评价

影响热湿环境的参数一般有太阳辐射、空气温度、相对湿度、气流速度与周边物体表面温度,它们能够对人体的冷热感觉和健康状况产生重要影响。太阳辐射作为热环境的直接影响参数,能够对空气温度、相对湿度等其他热环境参数产生影响,是造成人体产生不同热环境感知的根本原因。温度作为热环境的重要影响要素,人们对其变化的感知也较为明显。高温不仅会对人体的热舒适度产生影响,还会威胁人体生命安全。而人体对相对湿度的感知强度一般弱于温度,但在炎热环境下人体为了保持体温恒定,通常以排汗的方式来降低体温,那么此时如果环境的相对湿度过高,就会抑制皮肤表面汗液的蒸发,对人体健康产生不利影响。此外,水体特殊的物理特性会对气温和相对湿度产生较大影响。因此太阳辐射、空气温度、相对湿度是评价热湿状况的重要指标,但由于仪器限制,本书在微气候实测评价中采用受太阳辐射影响较大的黑球温度表征人体受到周围环境的热辐射大小。

与风环境相关的参数包括风速、风向、风压和空气龄等。风速能够直接影响人体对周围环境舒适程度的评价。比如在夏季高温高湿环境中,风速的增加能够缓解人体的散热状况;但在冬季寒冷的环境中,其他条件不变,风速的增加则带给人体更多的不舒适感。与此同时,风速风向也会间接影响水体对于村镇微气候效应的作用强度与作用范围。因此本书选择风速风向作为风环境层面的单一评价指标。

3.1.2　综合性热舒适度评价

3.1.2.1　热舒适度指标与评价标准

热舒适度指标的提出是为了建立物理环境与人体热感觉之间的关系,能够综合评价风热环境对于人体感受的影响,同时还兼顾人体自身参数的影响。

热舒适度评价最早应用于室内环境评价,后来在室内热舒适度模型的基础上发展出适合室外使用的热舒适度模型[81]。适用于室外环境评价的热舒适度指标主要有:基于稳态传热模型的生理等效温度[82]、室外标准有效温度[83]、基于动态传热模型的通用热气候指数[84]。以上指标均考虑了环境温度、湿度、风速、辐射换热、表皮温度、皮肤湿润度、服装热阻、人体代谢率的影响,但其中 PET 和 $UTCI$ 对应的人体热感觉分区较为完整,适用于季节性温差较大的热舒适评估。本书采用 PET 对村镇微气候环境的舒适度进行评价。

PET 是由慕尼黑人体热量平衡模型(MEMI)推导得出的热舒适指标。MEMI 模型见式(3-1)[85]。

$$M + W + C + R + E + S = 0 \tag{3-1}$$

式中:M——人体能量代谢率,决定于人体的活动量大小,W/m²;

　　　W——人体所做的机械功,W/m²;

　　　C——人体外表面向周围环境通过对流形式散发的热量,W/m²;

　　　R——人体外表面向周围环境通过辐射形式散发的热量,W/m²;

　　　E——汗液蒸发和呼出的水蒸气所带走的热量,W/m²;

　　　S——人体蓄热率,W/m²。

PET 可由空气温度、相对湿度、风速、平均辐射温度、人体相关参数(年龄、性别、身高、体重、体表面积、服装热阻、人体代谢率)计算得出,计算过程较为复杂,可通过 ENVI-met 软件中的 BIO-met 工具或 Rayman 软件计算得出。其中空气温度、相对湿度、风速可通过实地测量或 ENVI-met 软件模拟得出。平均辐射温度 T_{mrt} 的计算公式如式(3-2)所示[86]。

$$T_{mrt} = \left| (T_g + 273.15)^4 + \frac{1.10 \times 10^8 V_a^{0.6}}{\varepsilon D^{0.4}} (T_g - T_a) \right|^{\frac{1}{4}} - 273.15 \tag{3-2}$$

式中:T_g——黑球温度,℃;

　　　T_a——空气温度,℃;

　　　V_a——风速,m/s;

　　　D——黑球直径,m;

　　　ε——黑球反射率,取 0.95。

BIO-met 中 PET 的计算建立在 Gagge 两节点模型上,需要输入空气温度、风速、湿度、平均辐射温度,同时考虑计算工况下的人体参数,见表 3-1。其中,参考 ASHARE 标准以及村镇居民的一般穿衣状况,对服装热阻进行了冬、夏两季的区分;新陈代谢率的设置考虑到室外空间中的大部分居民为行走状态,以 1.2 m/s 的行走速度进行换算。

表 3-1　*PET* 计算中的人体参数[87]

参数类别		参数值
身体参数	年龄	35 岁
	性别	男
	体重	75 kg
	身高	1.75 m
	体表面积	1.91 m²
服装参数	夏季	0.3 clo
	春季/秋季	0.6 clo
	冬季	1.5 clo
新陈代谢参数	总新陈代谢率	150 W/m²
		2.6 met

　　针对不同区域的人来说,人体对于热环境的接受和评估会因其热经历、热期待的差异而产生变化。因此需取用与研究区域地理位置相近的 *PET* 评价标准进行舒适度评价。Matzarakis 和 Mayer[88]通过计算 45 000 个 PMV 数据的 *PET* 值的转换值,获得了西欧/中欧 *PET* 的热感觉分类。在这项研究中得出的热感觉分类,常被用作温带地区的热舒适度标准。Lin 等[89-90]通过问卷调查与实地测量的方式,记录 1 644 组热感觉投票和舒适度投票,以及对应环境中的黑球温度、空气温度、相对湿度、风速和太阳辐射,得出适用于(亚)热带的热舒适度标准。相应的分级标准见表 3-2。对比两种不同地区的热感觉分类可知,温暖地区居民的 *PET* 热中性温度会有一定程度的升高。

表 3-2　(亚)热带地区与温带地区的 *PET* 分级标准[88-90]

热感觉等级	(亚)热带地区分类/℃	温带地区分类/℃	生理应激反应
很冷	≤14	≤4	极端冷应激
冷	14~18	4~8	强冷应激
凉	18~22	8~13	中等冷应激
稍凉	22~26	13~18	轻微冷应激
舒适	26~30	18~23	无热应激
稍暖	30~34	23~29	轻微热应激
暖	34~38	29~35	中等热应激
热	38~42	35~41	强热应激
很热	≥42	≥41	极端热应激

　　王一等[91]通过 1 510 组现场实测和问卷调查数据,分析 *PET* 在上海地区各个季节的热舒适度评价适用性。依据 *PET* 与平均热感觉投票值 MTSV 的线性回归方程,可得出各个季节不同热感觉所对应的 *PET* 范围,见表 3-3。其中冬季 *PET* 热中性范围是 11.84~22.56 ℃,夏季

PET 热中性范围是 20.33~27.58 ℃。

表 3-3　上海地区的 *PET* 分级标准[91]

热感觉等级	夏季评价标准/℃	冬季评价标准/℃	TSV
很冷	—	≤-21.01	-4
冷	—	-21.01~-2.44	-3
凉	—	-2.44~4.7	-2
稍凉	13.09~20.33	4.7~11.84	-1
舒适	20.33~27.58	11.84~22.56	0
稍暖	27.58~34.83	22.56~30.41	1
暖	34.83~42.07	–	2
热	42.07~49.32	–	3
很热	≥49.32	–	4

　　由于本书所研究的宜兴地区与上海地区处于同一纬度附近,地理位置相近,并且具有相似的地理条件与气候特征,因此选取王一等人的研究成果作为后续评价冬季与夏季舒适度的分级标准,以此提出具有针对性的热舒适度环境评价意见。

3.1.2.2　基于热舒适度指标的综合性评价指标

　　对于村镇社区在热舒适度层面的整体评价而言,单一空间中单一时刻的热舒适度指标评级并不能代表村镇在全年以及全村域范围内的热舒适度状况,因此需要提出基于时间维度和空间维度的综合性指标去量化评价。

　　1. 基于时间维度的评价指标

　　在时间维度上,本文定义了评价时段内的舒适时间比率(Comfort Time Ratio,CTR)以评估单一空间点的热舒适状况。舒适时间比率是空间测点在评价时间段内满足一定热舒适度标准的时长与总评价时长的比值,计算公式如式(3-3)、式(3-4)所示。

$$CTR_p = \frac{1}{n-m}\sum_{h=m}^{n} CT_i \qquad (3\text{-}3)$$

$$CT_h = \begin{cases} 1 & \text{若}PET_h \in p \\ 0 & \text{其他情况} \end{cases} \qquad (3\text{-}4)$$

式中: m 和 n ——表示室外空间评价的开始和结束时刻;

　　　　h ——当前时刻(根据宜兴地区村镇居民的作息情况,通常将一天内的室外空间使用时段设置为 6:00—22:00);

　　　　CT_h ——如果空间点在时刻 h 的 *PET* 指标满足指定的舒适范围 p,则赋予 $CT_h = 1$。

　　首先依据 3.1.2.1 节中的热舒适度评价标准判断空间点在单一时刻是否处于舒适区间,其次若判断为舒适则计入舒适时间累计值中,最后将舒适时间累计值除以评价时间即为该空间点的舒适时间占比。这种评价方法的优点是可以反映不同典型空间类型的取样点在评价时段内的 *CTR* 值,而缺点是无法反映出热舒适度在舒适区间以外的分布状况,同时也无法反映整体空间层面的舒适情况。

2. 基于空间维度的评价指标

在以往研究[92-93]中,曾有学者采用舒适空间比率或不舒适空间比率作为评价单一时刻的总体空间热舒适度状况的综合指标。本书对于舒适空间比率(Comfort Zone Ratio,CZR)的定义是单一时刻满足一定热舒适度标准的采样点数量占总体采样点数量的比值,可反映空间维度中满足热舒适度需求的空间比例,计算公式如式(3-5)、式(3-6)所示。

$$CZR_p = \frac{1}{s}\sum_{i=1}^{s} CZ_i \tag{3-5}$$

$$CZ_i = \begin{cases} 1 & \text{若}\,PET_i \in p \\ 0 & \text{其他情况} \end{cases} \tag{3-6}$$

式中:S——评估区域的测点数量总和;

CZ_i——如果空间点i的PET指标满足指定的舒适范围p,则赋予$CZ_i=1$。

这种评价方法的优点是可反映单一时刻空间维度层面的热舒适度状况,而缺点是无法综合反映所有评价时段内的热舒适度状况。

3. 基于时间维度和空间维度的评价指标

在基于时间维度和空间维度的评价指标研究中,曾有学者将所有空间采样点在冬、夏季典型日的平均热舒适度值,作为室外空间热舒适度的优化目标[94-95]。但是这种方法虽能反映所有采样点在使用时段内的平均热舒适度状况,但这一数值极易受到极端数据的影响,无法判定单一空间点的热舒适情况。因此需要寻找一种在时间维度和空间维度上综合反映热舒适度状况的评价指标。本书参考文献[96]统计了一个方案在评价时段内各个时刻满足一定热舒适度标准的空间比率,并进行累加,定义为舒适空间比率累计值(total Comfort Zone Ratio,tCZR),计算公式如式(3-7)、式(3-8)所示[96]。

$$tCZR_p = \sum_{h=m}^{n}\left(\frac{1}{s}\sum_{i=1}^{s} CZ_i\right) \tag{3-7}$$

$$CZ_i = \begin{cases} 1 & \text{若}\,PET_i \in p \\ 0 & \text{其他情况} \end{cases} \tag{3-8}$$

式中:m和n——表示室外空间评价的开始和结束时刻;

h——当前时刻(根据宜兴地区村镇居民的作息情况,通常将一天内的室外空间使用时段设置为6:00—22:00);

S——评估区域的测点数量总和;

CZ_i——如果空间点i的PET指标满足指定的舒适范围p,则赋予$CZ_i=1$。

对于夏热冬冷地区的村镇而言,不仅需要满足冬季防寒的需求,还需满足夏季防热的要求,因此村镇的热舒适度状况评价过程具有两个目标,即夏季与冬季的热舒适度状况。由于本书将冬季与夏季的热舒适度评价量化为$tCZR$值,且$tCZR$值越大则室外热舒适度状况越好,因此将冬季$tCZR_w$值与夏季$tCZR_s$值相加得到$tCZR_{sum}$作为评价的总体目标。$tCZR_{sum}$值越大则代表村镇的室外热舒适度状况更优。

计算舒适空间比率累计值的评价方法虽然能够综合考虑时间维度与空间维度的热舒适

度状况,但仍然存在一定缺陷。例如某时刻舒适区域面积占比很大,而一天中其他时刻的舒适区域空间占比很小,$tCZR$ 值仍能保持在较高的水平,但在这种情况下适于室外活动的时间段并不长。因此还需要通过统计逐时各个舒适度评价等级的空间比率,来反映全天使用时段内的整体热舒适度状况。

3.2　宜兴地区村镇微气候概况

3.2.1　热湿环境概况

图 3-1 为安装在宜兴市西望村的气象站的热环境数据,其中包括月平均空气温度、月平均相对湿度、月累计太阳辐射量、月累计降水量等。由图可知,7 月为全年最热月,月平均气温高达 28.76 ℃;1 月为全年最冷月,月平均气温为 4.70 ℃。全年相对湿度随着空气温度的升高而呈现上升趋势,但同时又受到降水量的影响。全年的雨水集中在春、夏两季,其中降水量最高的为 7 月和 8 月,降水量最少的为 11 月和 12 月。太阳辐射量在 4—9 月春、夏两季期间均保持在 100 kW·h/m² 以上,在秋、冬两季呈下降趋势。整体来看,宜兴地区的村镇呈现春季温暖潮湿、夏季炎热多雨、秋季温和、冬季阴冷少雨的热环境特征。

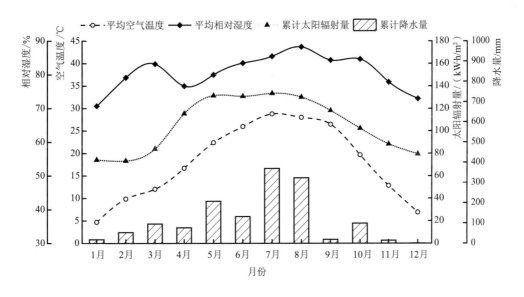

图 3-1　宜兴市西望村气象站 2021 年热环境数据统计（图片来源:著者自绘）

3.2.2　风环境概况

图 3-2 根据宜兴市西望村气象站数据,统计了全年与春、夏、秋、冬四季的风速风向情况。由图可知,村镇全年主导风向为东南风向,其中风向频率最大的方向为 ESE,风速大多

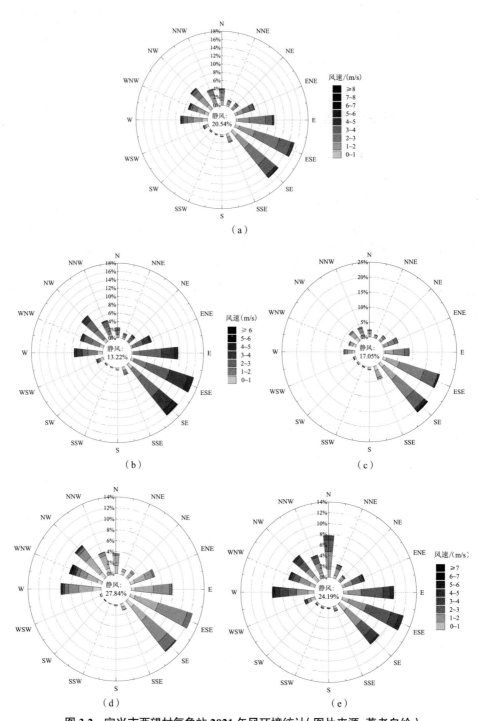

图 3-2　宜兴市西望村气象站 2021 年风环境统计（图片来源：著者自绘）
（a）全年风玫瑰图　（b）春季（3—5 月）风玫瑰图　（c）夏季（6—8 月）风玫瑰图　（d）秋季（9—11 月）风玫瑰图
（e）冬季（12 月—翌年 2 月）风玫瑰图

集中于 1~4 m/s,静风比例为 20.54%。春、夏两季的主导风向为东南方向,而秋、冬两季的主导风向为东南风和西北风。作为处于季风区的村镇而言,秋、冬季理应多西北风;然而对于太湖西北岸的村镇而言,水陆风对其影响较大,因此在秋、冬季仍以东南风为主导。观察 4 个季节的静风比例可以发现,春、夏两季的静风比例明显低于秋、冬两季,体现了村镇在春、夏多风的特性。图 3-3 为村镇气象站 2021 年的逐月平均风速,可以发现春、夏两季的月平均风速明显高于秋、冬两季,其中 3 月与 7 月的平均风速较高。

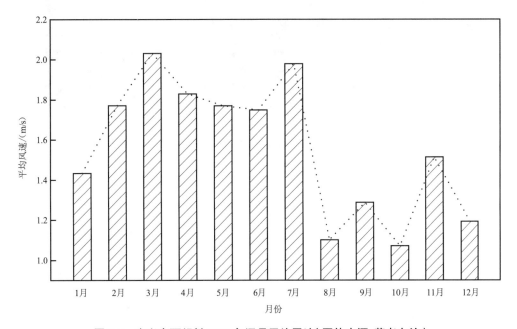

图 3-3　宜兴市西望村 2021 年逐月平均风速(图片来源:著者自绘)

3.2.3　热舒适概况

　　根据村镇气象站所提供的基础数据,本书通过 Rayman 软件计算了逐月使用时段内(6:00—22:00)的 PET。图 3-4 为 2021 年的逐月平均 PET 值与逐月 PET 等级时间比率。图中冬季与夏季的 PET 等级划分标准参考表 3-3 中上海地区的等级划分标准,而春季与秋季则选择表 3-2 中温带地区所对应的等级划分标准作为补充。由图 3-4 可知,全年热舒适度状况随着季节改变呈现较大差异,PET 平均值 1 月达到最低值 0.54 ℃,在 8 月达到最高值 30.66 ℃。冬季存在大量时间 PET 小于 4 ℃,人体感受较为寒冷;而夏季人体感受炎热的状况较冬季寒冷状况有所改善,存在 6.87%~13.69% 的时间段处于 PET 大于 41 ℃ 的范围内。春季与秋季冷热感受的差异化程度较大,舒适时间段并未呈现明显上升趋势。

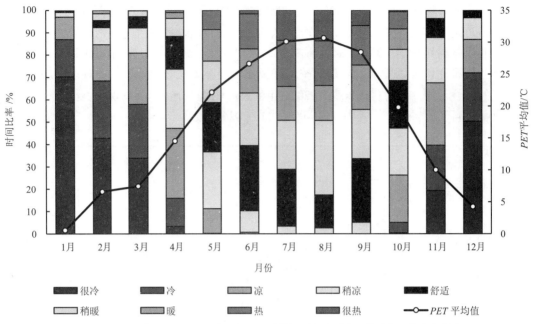

图 3-4 宜兴市西望村 2021 年逐月 PET 等级时间比率 (图片来源:著者自绘)

3.3 村镇微气候实测方案

为获得准确的村镇微气候数据,作为后续数值模拟的边界条件,同时验证模拟结果的有效性,需选取村镇进行实地微气候测试。本研究对于每个待测村镇,于夏季、冬季典型测试日选取 10~20 个测点作为村镇内部微气候数据收集点,其中至少包含 1 个水体微气候环境监测点。夏季与冬季典型测试日的选取,需满足能够反映季节典型气候特征、天气晴朗、风速较为稳定、日照充足等条件。此外,选取 1 个测点作为村镇边界固定式气候检测点,无间断地记录村镇全年的气候状况。

3.3.1 测试仪器与测试方法

参考标准 ISO 7726:1998[86]所描述的室内外热环境物理量的测量方法、测量范围和精度要求,制定定点测试方案。测试仪器包括用于测量温湿度风速的手持式气象记录仪、用于测量水体表面温度的接触式温度表和用于测量村镇周边气候环境的固定式气象站,相关参数见表 3-4。

表 3-4　测试仪器及其相关参数

仪器型号	测量参数	仪器精度	测量范围
接触式温度表 54-ⅡB	表面温度	±1.1 ℃	−40~260 ℃
手持式气象记录仪 NK5400	空气温度	0.5 ℃	−29~70 ℃
	相对湿度	±2%	10%~90%
	风速	±3%	0.4~40.0 m/s
	风向	±5°	0~360°
	黑球温度	±1.4 ℃	−29~60 ℃
固定式气象站 RX3004	空气温度	±0.21 ℃	−40~75 ℃
	相对湿度	±2.5%	0~100%
	风速	±1.1 m/s	0~76 m/s
	风向	±5°	0~355°
	太阳辐射	±10 W/m²	0~1 280 W/m²
	降雨量	±4%	0~127 mm/h

手持式气象记录仪用于村镇内部微气候数据的收集。在测试之前需统一进行校准,并在测试环境中稳定 3 min 后再开始记录数据。记录仪通过三脚架放置在距离地面 1.5 m 处,自动记录的数据有空气温度、相对湿度、风速、风向、黑球温度,记录间隔为 20 s。所选测点需位于主要人行活动空间,能有代表性地反映村镇空间类型(如公共广场、街巷、院落等),并且较为均匀地分布于村镇之中。测点与水体的最短距离均小于 110 m[36],以保证其处于水体微气候效应的影响范围内。在上述测点中,选择临近水体的测点作为水体微气候环境监测点。除架设气象记录仪进行测试外,使用接触式温度表自动记录紧临测点的水体表面温度,记录间隔为 1 min。测试时,将接触式温度表的热电偶测温点放置于距岸边 1 m 处、水面下 2 cm 以内区域。

固定式气象站的选址应在能代表其周围大部分区域天气、气候特点的地方,且周围尽量避免障碍物的遮挡,同时应处于当地主导风向的上风向处。气象站可每隔 30 min 记录太阳辐射、空气温度、相对湿度、风速、风向、降雨量等数据,而且支持云端数据访问、预览及下载功能。

3.3.2　测试日气象状况

本研究于冬季 2020-12-21T09:00—17:00、2020-12-22T09:00—17:00 和夏季 2021-09-01T08:00—18:00 在宜兴市周铁村,于冬季 2020-12-19T09:00—17:00、2020-12-20T09:00—17:00 和夏季 2021-09-03T08:00—18:00 在宜兴市西望村,进行实地测试。

表 3-5 为测试日当天的村镇边界气象站的实测参数。除 2021 年 9 月 3 日外,其他测试时段内天气晴朗,风速较为稳定,日照充足,而 2021 年 9 月 3 日的测试时段内存在多云状况。

表 3-5　典型测试日气象参数

季节	冬季典型气象日		夏季典型气象日	
测试日期	2020 年 12 月 20 日	2020 年 12 月 22 日	2021 年 9 月 1 日	2021 年 9 月 3 日
测试地点	西望村	周铁村	周铁村	西望村
空气温度/℃	-1.2~9.96	1.22~10.63	28.54~36.36	25.23~30.22
平均空气温度/℃	4.27	6.64	31.97	27.44
平均空气湿度/%	64.62	66.92	75.33	87.71
平均风速/(m/s)	1.50	1.64	1.82	0.70
主导风向	NNW	SSE	SSE/WNW	N/ESE
最大太阳辐射量/(W/m²)	650	552	802	803

注：表中数据通过安装在村镇中的气象站获取。

3.3.3　村镇测点选取

3.3.3.1　周铁村测点选取

图 3-5 为周铁村研究区域与实测测点分布图。表 3-6 统计了测点的基本信息，包括测点与水体岸线的最近距离及天空开阔度。

图 3-5　周铁村研究区域与实测测点分布(图片来源：著者自绘)

表 3-6 周铁村测点基本信息

空间类型	测点	水体距离/m	天空开阔度
东西向河岸	Z1	1.58	0.51
	Z2	1.65	0.76
南北向河岸	Z3	2.41	0.60
	Z4	3.23	0.65
	Z5	17.63	0.37
	Z6	1.22	0.70
河岸广场	Z7	12.00	0.76
	Z8	9.76	0.55
	Z9	28.84	0.71
东西向街道	Z10	137.98	0.25
	Z11	57.99	0.21
南北向街道	Z12	99.48	0.31
	Z13	72.00	0.23
	Z14	39.50	0.24
次级巷道	Z15	47.77	0.31
	Z16	68.29	0.25
	Z17	53.08	0.36
	Z18	41.69	0.44
建筑天井	Z19	62.00	0.08
建筑屋顶 (气象站安装处)	Z0	—	1.00

课题组成员于 2020 年 12 月 22 日安装周铁村固定式气象站,安装点选址在测点 Z0 处。Z0 位于三层建筑楼顶处,传感器安装高度约为 10 m,四周无障碍物遮挡。由于 NK5400 仪器数量限制,冬季测试仅选取了 10 个测点,夏季测点则增加至 20 个。Z1、Z4、Z6、Z9、Z10、Z11、Z12、Z13、Z18、Z0 为冬季测试所选测点,Z0~Z19 为夏季测试所选测点。Z10、Z11 位于村镇东西向主要街道处,Z12、Z13、Z14 位于村镇南北向主要街道处。Z15、Z16、Z17、Z18 位于层级次于主要街道的巷道中。Z1、Z2 紧临东西向河流,Z3、Z4、Z5、Z6 紧临南北向河流。Z7、Z8、Z9 位于村镇河岸广场处,其中 Z7、Z9 处于无阴影遮挡区域,Z8 位于河岸广场树木遮阴处。Z19 位于村镇典型传统民居的天井中。水体表面温度的测试于 Z10 点旁的河流中进行。

3.3.3.2 西望村测点选取

图 3-6 为西望村研究区域与实测测点分布图。表 3-7 统计了测点的基本信息,包括测点与水体岸线的最近距离及天空开阔度。

图 3-6　西望村研究区域与实测测点分布（图片来源：著者自绘）

表 3-7　西望村测点基本信息

空间类型	测点	水体距离/m	天空开阔度
东西向河岸	X1	13.66	0.59
	X2	11.23	0.68
南北向河岸	X3	17.46	0.70
	X4	4.68	0.80
	X5	17.59	0.51
公共广场	X6	119.03	0.92
	X7	147.90	0.72
	X8	154.17	0.88
东西向街道	X9	54.06	0.63
	X10	57.95	0.60
	X11	77.11	0.50
	X12	59.17	0.48
	X13	55.98	0.51
	X14	71.48	0.48
	X15	72.77	0.45
	X16	21.60	0.50
南北向街道	X17	83.58	0.63
	X18	89.61	0.56
	X19	97.38	0.32
空旷田野（气象站安装处）	X0	—	1.00

课题组成员于 2020 年 12 月 20 日安装西望村固定式气象站,安装点选址在测点 Z0 处。Z0 位于村镇周边的田野空地处,四周无障碍物遮挡。由于 NK5400 仪器数量限制,冬季测试仅选取了 10 个测点,夏季测点则增加至 19 个。X1、X3、X5、X6、X8、X10、X11、X12、X14、X16 为冬季测试所选测点,X1~X19 为夏季测试所选测点。由于村镇内部建筑呈现整齐的行列式排布,民居建筑朝向依据河流走向呈南偏西角度,建筑的南向场地(即东西向街道)成为居民活动的主要场地。因此测试选取的街道测点集中于东西向街道,分别为X9~X16。X17~X19 位于村镇南北向街道处。X6、X7、X8 位于村镇公共广场处,其中 X6、X8 处于无阴影遮挡区域,X7 位于广场树木遮阴处。X1、X2 紧临东西向河流,X3、X4、X5 紧临南北向河流。水体表面温度的测试于 X5 点旁的河流中进行。

3.4　微气候实测结果分析

3.4.1　周铁村测试结果分析

3.4.1.1　冬季测试结果分析

如图 3-7(a)所示,对于空气温度而言,不同空间类型的测点显示出不同的气温范围。靠近河岸的 Z1、Z4、Z6 测点在测量时间段内的气温集中于 9~10 ℃,水体的存在并未使得水体沿岸的空气温度明显下降。观察图 3-7(b)中的黑球温度统计可以发现,沿岸测点由于天空开阔度较大,除了 Z1 点会受到南向建筑的遮挡外,其余测点均能保持较长的太阳直射时间。这表明在冬季水体对于空气的冷却效应并不能抵消太阳辐射对于空气温度的加热效应。处于东西向主要街道和巷道的 Z10、Z11、Z18 测点以及东西向河岸处的 Z1 测点,由于受到南向建筑的阴影遮挡,全天几乎没有受到太阳直射,导致其黑球温度相对较低,空气温度随之降低。各测点的空气温度与黑球温度之间有较强的相关性,测点周围环境如墙面、地面等受到太阳直射而升温,从而加热了测点周围的空气温度。

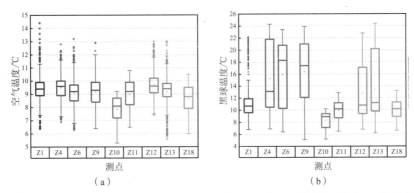

图 3-7　2020 年 12 月 22 日 9:30—17:00 空气温度与黑球温度统计(图片来源:著者自绘)
(a)空气温度　(b)黑球温度

图 3-8(a)为周铁村冬季测试日的相对湿度统计。如图所示,各个测点的相对湿度呈现出较大范围的波动,与空气温度呈现出负相关关系。例如 Z10 测点的平均气温最低,其平

均相对湿度也相对较高。位于河岸的 Z1、Z4、Z6 测点并未表现出更高的相对湿度,其平均相对湿度甚至低于村镇内部的街道测点,说明冬季滨水空间并没有因为水体的存在而获得更多的水汽。

图 3-8(b)为周铁村冬季测试日的风速统计。观察各测点的风速分布可以发现,位于河岸以及广场处的测点由于周边的遮挡物较少,风速相对于村镇街道内部的测点明显增加。其中,位于东西向河岸的 Z1 测点风速明显小于位于南北向河岸的 Z4、Z6 测点,这与测试当天南偏东的风向有关,南北向河岸与主导风向形成了通风廊道,加速了水体沿岸的空气流动。

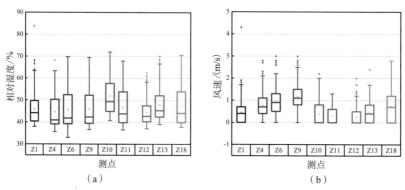

图 3-8　2020 年 12 月 22 日 9:30—17:00 相对湿度与风速统计(图片来源:著者自绘)
(a)相对湿度　(b)风速

图 3-9 为周铁村冬季测试日的 PET 统计。图 3-10 为各测点的舒适时间比率(CTR)统计,其中舒适范围 p 参考表 3-3 设定为 11.84~22.56 ℃。如图 3-9 所示,各测点的室外舒适度指标 PET 与黑球温度显示出相对一致的趋势,说明环境周围辐射热的大小会对人体舒适状况产生较大影响。对于冬季而言,更多的太阳辐射有助于人体热舒适度状况的改善。如图 3-10 所示,对于各测点的舒适时间比率而言,位于南北向河岸以及南北向街道的测点表现出较为舒适的微气候状况,这表明在冬季南北向开放空间的存在有助于沿岸人体热舒适度性能的提升,而水体的存在并不会使沿岸活动的人产生寒冷感受。

为进一步探究水体对于测点热舒适度的影响,将测点的 PET 与水体距离进行回归分析,图 3-11 为不同时间点的回归分析结果。其中每个时间的 PET 对应整点时刻的瞬时 PET。由图可知,在上午 10:00—14:00 时段,随着水体距离的增加,PET 呈现减小的趋势;而 15:00—17:00 时段各个测点的 PET 差距不大,在 16:00 呈现出随水体距离增加而增大的趋势。在 11:00,除了 Z10、Z11、Z18,其他测点均处于太阳照射下,而河岸及河岸广场测点由于天空开阔度较大,接受的太阳辐射高于其他测点,而呈现出越靠近水体 PET 越高的趋势。因此在太阳直射的情况下,太阳辐射量的大小对 PET 起到了决定性作用。而在 16:00,各个测点均处于建筑阴影当中,水体对于空气的冷却效应才得以显现,河岸测点 Z1、Z4、Z6 呈现出 PET 大幅下降的趋势。

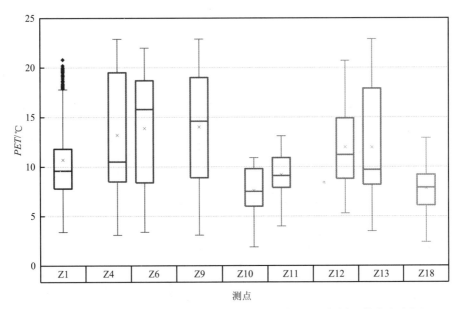

图 3-9　2020 年 12 月 22 日 9:30—17:00 *PET* 统计（图片来源：著者自绘）

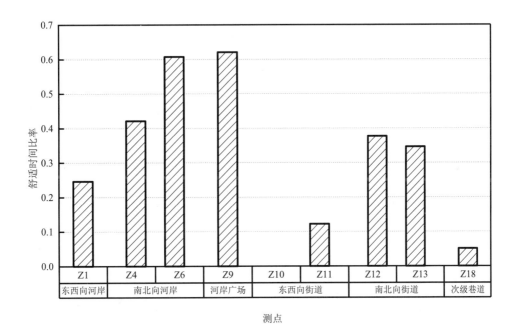

图 3-10　2020 年 12 月 22 日 9:30—17:00 *PET* 舒适时间比率（图片来源：著者自绘）

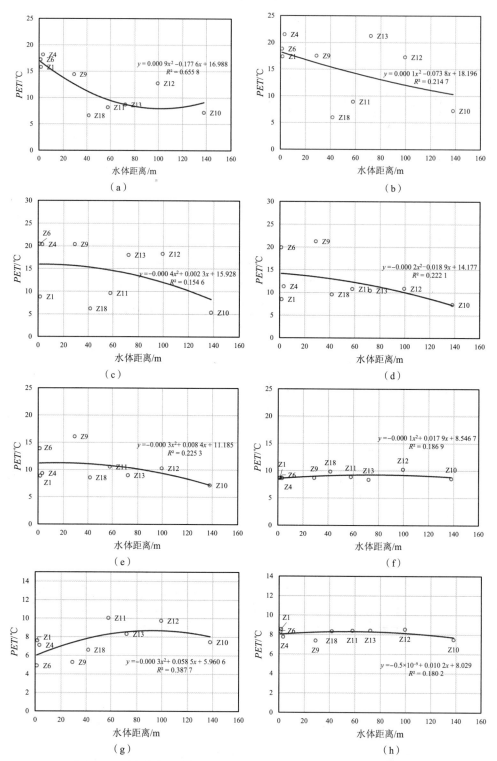

图3-11　测点水体距离与逐时 *PET* 的回归分析(图片来源:著者自绘)

(a)10:00　(b)11:00　(c)12:00　(d)13:00　(e)14:00　(f)15:00　(g)16:00　(h)17:00

3.4.1.2　夏季测试结果分析

图 3-12 为周铁村夏季测试时段的空气温度统计。

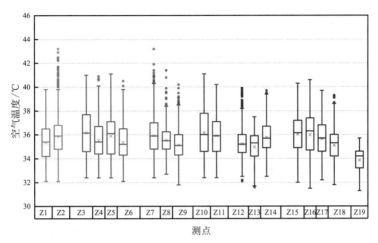

图 3-12　2021 年 9 月 1 日 9∶00—18∶00 空气温度统计（图片来源：著者自绘）

图 3-13 为夏季测试时段的黑球温度统计。对于空气温度而言,靠近河岸的测点与村镇内部测点（除建筑天井内测点外）无明显差距,同时东西向河岸与南北向河岸的空气温度也无明显差异。对比位于同一河岸广场的 Z7、Z8 测点可知,河岸树木遮阴会使黑球温度明显下降,但对空气温度的作用并不明显。河岸测点 Z1、Z2、Z3、Z4、Z6 以及河岸广场测点 Z7、Z9 的天空开阔度较大,接受太阳直射的时间长,测试时段黑球温度整体高于其余测点。在夏季,由于太阳高度角较大,处于南北向街道与东西向街道的测点在黑球温度上无显著差距,但在空气温度上呈现东西向街道略大于南北向街道的趋势,这与冬季测试的情况恰好相反。

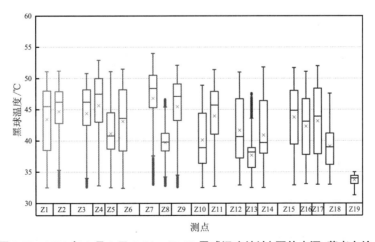

图 3-13　2021 年 9 月 1 日 9∶00—18∶00 黑球温度统计（图片来源：著者自绘）

图 3-14 为周铁村夏季测试日的相对湿度统计。如图所示,各测点的相对湿度与空气

温度呈现相反态势,其中靠近河道的测点并未检测到明显高于其余测点的数据值,说明小型河流水体在夏季的增湿作用有限,相对湿度更多随着空气温度的变化而变化。对比Z7、Z8 测点可知,河岸树木的遮阴会使得相对湿度的变化范围减小,但整体相对湿度并未明显增加。

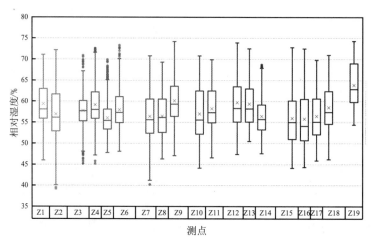

图 3-14　2021 年 9 月 1 日 9:00—18:00 相对湿度统计(图片来源:著者自绘)

　　图 3-15 为周铁村夏季测试日的风速统计。对于风速而言,河岸与河岸广场 Z1、Z2、Z3、Z4、Z7、Z9 等测试点的平均风速大于村镇内部测点。对比位于南北向河岸的测点 Z5、Z6 可知,虽然 Z6 的平均黑球温度大于 Z5,接受了更多的辐射热量,但 Z6 的平均空气温度却低于 Z5,这可能是由于 Z6 的平均风速大于 Z5,更高的空气流动速度带走了一部分热量,使空气温度降低。对比 Z7、Z8 测点可知,河岸树木的存在明显降低了风速。

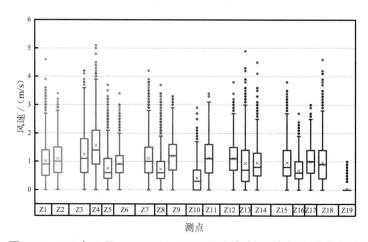

图 3-15　2021 年 9 月 1 日 9:00—18:00 风速统计(图片来源:著者自绘)

　　图 3-16 为周铁村夏季测试日的 PET 统计。如图所示,各测点的 PET 依旧与冬季保持相同的态势,即与测试时段的黑球温度保持高度的一致性。天空开阔度较大的 Z1、Z2、Z3、Z4、Z6、Z7、Z9 等位于河岸与河岸广场的测点,其测试时段平均 PET 高于村镇内部其他测

点,说明水体空间在夏季由于缺乏阴影空间,从而导致了 *PET* 的上升。河岸树木的存在能够明显降低周边环境的 *PET*,在夏季创造良好的舒适度条件。

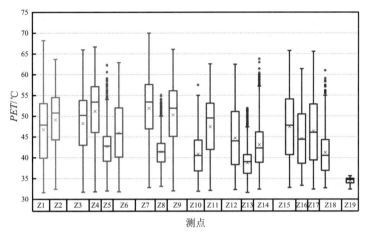

图 3-16　2021 年 9 月 1 日 9:00—18:00 *PET* 统计(图片来源:著者自绘)

图 3-17 为各测点的舒适时间比率(*CTR*)统计。由于夏季测试数据中的 *PET* 数据偏高,若仅将舒适范围 *p* 设定为表 3-3 中"舒适"热感觉所对应的评价范围,则有大量测点的舒适时间为 0,无法进行对比与评价,因此舒适范围 *p* 参考表 3-3 设定为"舒适"与"稍暖"热感觉所对应的评价范围 20.33~34.83℃。由图可知,除 Z13、Z19 测点的舒适时间比率明显升高外,其余各测点之间无明显差异。对于炎热的夏季而言,Z13、Z19 测点在全天大部分时间中均处于建筑阴影下,因而产生了较好的微气候环境。

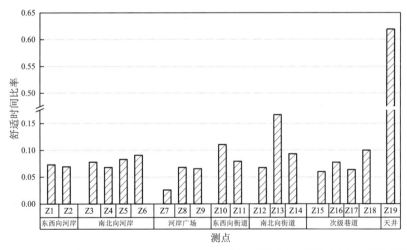

图 3-17　2021 年 9 月 1 日 9:00—18:00 *PET* 舒适时间比率(图片来源:著者自绘)

图 3-18 为各测点水体距离与 *PET* 的回归分析。与冬季相似,在太阳照射时段 *PET* 随水体距离的增大呈现出下降趋势,这种趋势随着太阳辐射的减弱逐渐转变为相反态势,即随水体距离的增大而增大。夏季 *PET* 依据太阳辐射的变化程度较冬季更为明显。此外还可

以发现,在 13:00—17:00 时间段,当水体距离增大到一定程度时,*PET* 由下降转为上升。这可能是由于 Z10 测点周围建筑较为密集,夏季主导风向无法通过河道、街道等开敞空间抵达 Z10 测点附近,导致其热量不能通过空气流动散发出去。

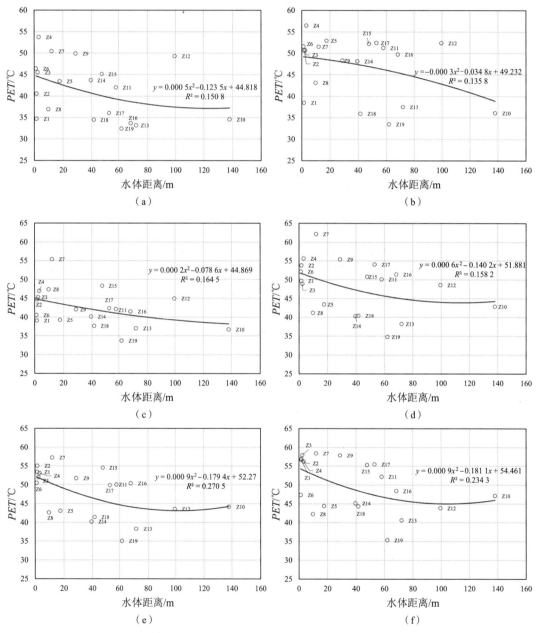

图 3-18　测点水体距离与逐时 *PET* 的回归分析(图片来源:著者自绘)
(a)9:00　(b)10:00　(c)11:00　(d)12:00　(e)13:00　(f)14:00

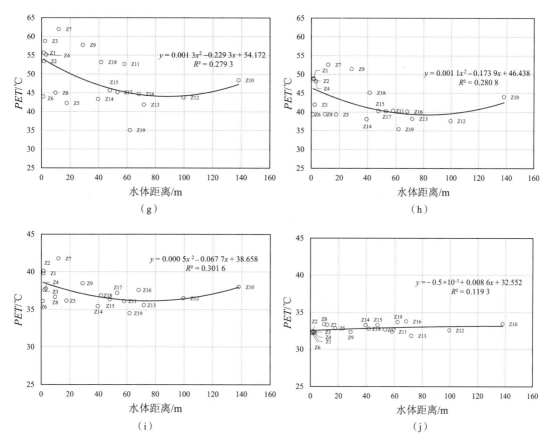

图 3-18　测点水体距离与逐时 *PET* 的回归分析（ 图片来源：著者自绘 ）（ 续 ）

（ g ）15：00　（ h ）16：00　（ i ）17：00　（ j ）18：00

3.4.2　西望村测试结果分析

3.4.2.1　冬季测试结果分析

图 3-19（ a ）为西望村冬季测试时段的空气温度统计，图 3-19（ b ）为冬季测试时段的黑球温度统计。对于空气温度而言，河岸测点 X1、X5 的温度范围较为一致，且平均温度高于其他测点。观察黑球温度可以发现，由于 X1、X5 测点的天空开阔度较大，测试时段大部分时间均处于太阳照射下，导致其平均黑球温度较大。平均黑球温度的增大同样导致了平均空气温度的升高。这说明水体在冬季并未给河岸测点带来强度大于太阳辐射增温效果的冷却效果。而 X3 测点的平均温度则相对较低，这是由于其所在的环境南北侧建筑间距较小，导致其处于南侧建筑阴影中的时间较长。

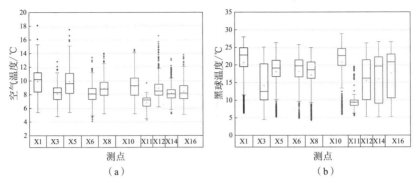

图 3-19　2020 年 12 月 20 日 9:30—17:00 空气温度与黑球温度统计(图片来源:著者自绘)
(a)空气温度　(b)黑球温度

东西向街道测点中除 X11 以外,其温度范围相对一致。X11 测点位于 6 层住宅建筑的东西向街道中,周围建筑高度大于其他测点,导致其全天处于南侧建筑的阴影中,空气温度和黑球温度均为所有测点中的最低点。广场测点 X6、X8 与河岸测点 X1、X5 相同,全天处于太阳照射下,具有相似的黑球温度范围,但平均空气温度则低于河岸测点。

图 3-20(a)为西望村冬季测试日的相对湿度统计。由图可知,各测点的相对湿度与空气温度整体呈负相关关系,其中河岸测点并未检测到明显高于其余测点的数据值,说明小型河流水体在冬季的增湿作用有限,相对湿度更多随着空气温度的变化而变化。但例外的是,广场测点 X6 的相对湿度明显高于其他测点,而其空气温度并不是最低的。对比 X6、X8 测点可以发现,二者同样位于天空开阔度相似的广场空间中,但 X6 的相对湿度却明显高于X8。观察其周边环境可以发现,X6 测点周围种植了大量乔木、灌木,植被的存在使 X6 测点的相对湿度明显升高,同时也导致了空气温度的下降。

图 3-20(b)为西望村冬季测试日的风速统计。对于各测点的风速分布而言,河岸测点的平均风速整体呈现出小于村镇内部测点的趋势,这与周铁村中所得出的结论截然相反。这是由于西望村的河岸测点都位于村镇边界处,而村镇内部测点位于笔直而畅通的东西向街道上,这种建筑形态易形成“峡谷风”效应,从而加速村镇内部街道的空气流动,这在两侧均为 6 层住宅建筑的 X11 测点上表现得尤为显著。

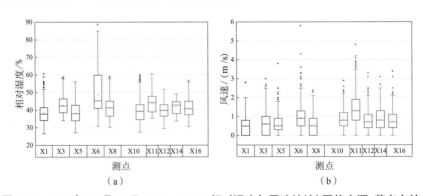

图 3-20　2020 年 12 月 20 日 9:30—17:00 相对湿度与风速统计(图片来源:著者自绘)
(a)相对湿度　(b)风速

图 3-21 为西望村冬季测试日的 *PET* 统计。图 3-22 为各测点的舒适时间比率（CTR）统计,其中舒适范围 p 参考表 3-3 设定为 11.84~22.56 ℃。由图 3-21 可知, *PET* 的计算结果与黑球温度呈现高度的一致性。由图 3-22 可知,河岸测点 X5、广场测点 X6 及 X8 表现出较好的舒适度状态,舒适时间占比达到了 80% 左右。全天位于建筑阴影中的 X11,其舒适时间占比小于 10%。这说明冬季日间的太阳辐射对于 *PET* 表现出明显的增益效果,天空开阔度较大的河岸空间能够保持良好的舒适度状态。

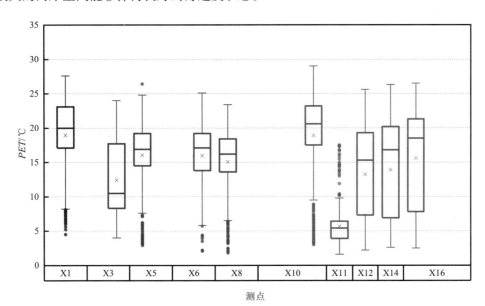

图 3-21　2020 年 12 月 20 日 9:30—17:00 *PET* 统计（图片来源:著者自绘）

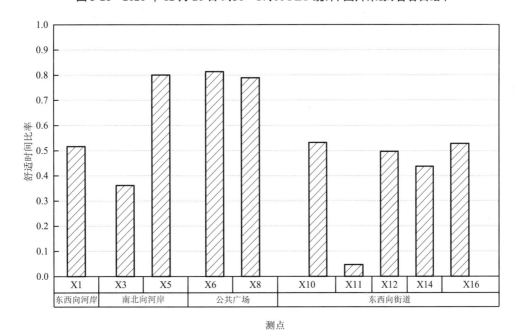

图 3-22　2020 年 12 月 20 日 9:30—17:00 *PET* 舒适时间比率（图片来源:著者自绘）

　　由于 X3、X11 测点是河岸测点与街道测点中较为特殊的测点,无法反映大部分该类型测点的典型特征,因此在水体距离与 *PET* 的回归分析中予以剔除,以提升回归分析的准确性。图 3-23 为西望村冬季测试日各测点水体距离与 *PET* 的回归分析结果。由图可知,在 10:00—13:00 期间所有测点均位于太阳照射处,其 *PET* 呈现出随着水体距离的增加而下降的趋势。在 14:00—16:00 区间一部分东西向街道测点被阴影所遮盖,*PET* 曲线呈现中间下凹的趋势。在 17:00 时所有测点均处于阴影之中,各点的 *PET* 差距也逐渐缩小,并未表现出与水体距离的明显相关关系。

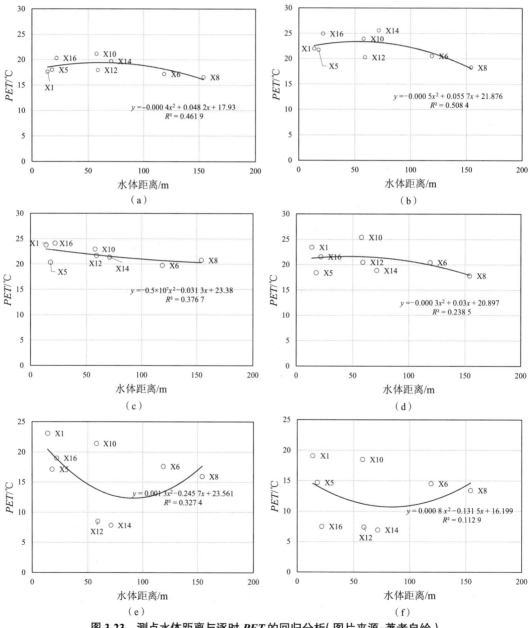

图 3-23　测点水体距离与逐时 *PET* 的回归分析(图片来源:著者自绘)
(a)10:00　(b)11:00　(c)12:00　(d)13:00　(e)14:00　(f)15:00

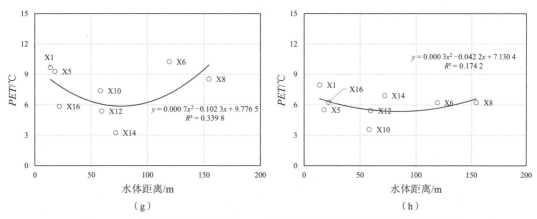

（g）

（h）

图 3-23　测点水体距离与逐时 *PET* 的回归分析(图片来源:著者自绘)(续)

（g）16:00　（h）17:00

3.4.2.2　夏季测试结果分析

图 3-24 为西望村夏季测试时段的空气温度统计,图 3-25 为夏季测试时段的黑球温度统计。对于河岸测点的空气温度而言,与村镇内部其他测点并无明显差异,其中东西向河岸测点的平均空气温度明显高于南北向河岸。X4 测点由于位于河岸树木阴影处,其黑球温度低于其他河岸测点,同时也反映在较低的空气温度上。由于测试日当天是多云的天气状况,西望村不同空间类型测点的空气温度与黑球温度的波动状况明显小于周铁村。

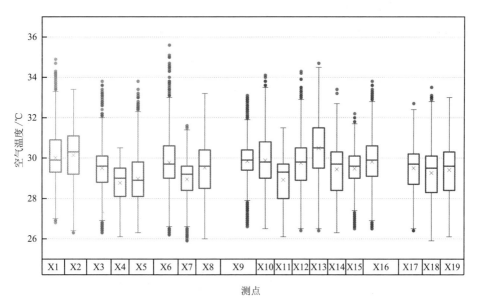

图 3-24　2021 年 9 月 3 日 8:30—18:00 空气温度统计(图片来源:著者自绘)

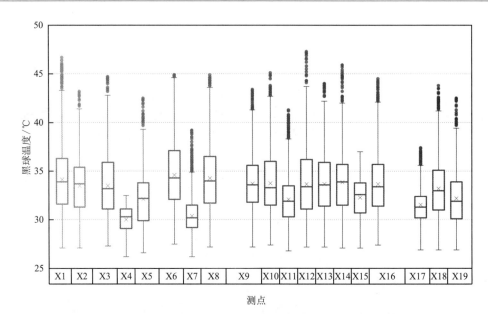

图 3-25　2021 年 9 月 3 日 8：30—18：00 黑球温度统计（ 图片来源：著者自绘 ）

　　图 3-26 为西望村夏季测试日的相对湿度统计。由图可知,河岸测点的相对湿度同样并未表现出大于村镇内部测点的趋势,其相对湿度的大小与空气温度呈反比,说明小型河流在夏季对于周边环境的增湿作用有限。但对于长期处于树木或建筑影响下的测点,如 X4、X7、X11、X14,其相对湿度的增大趋势明显。

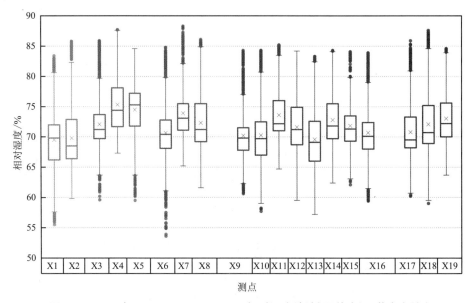

图 3-26　2021 年 9 月 3 日 8：30—18：00 相对湿度统计（ 图片来源：著者自绘 ）

　　图 3-27 为西望村夏季测试日的风速统计。由图可知,东西向河岸测点的平均风速略小于南北向河岸,这是由于当天主导风向为北风,北风的作用使南北向河道空气流动加速,导致其风速大于东西向河岸,同时这也可能是导致东西向河岸空气温度偏高的原因。此外,与

冬季结果一致,虽然河道周围的障碍物少,但是在风速上并未表现出大于村镇内部广场与街道节点的明显趋势。

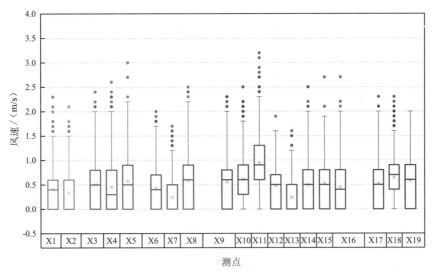

图3-27　2021年9月3日8:30—18:00风速统计(图片来源:著者自绘)

图3-28为西望村夏季测试日的*PET*统计。图3-29为各测点的舒适时间比率(*CTR*)统计。由于夏季测试数据中的*PET*数据偏高,若仅将舒适范围*p*设定为表3-3中"舒适"热感觉所对应的评价范围,则有大量测点的舒适时间为0,无法进行对比与评价,因此舒适范围*p*参考表3-3设定为"舒适"与"稍暖"热感觉所对应的评价范围20.33~34.83℃。由图可知,河岸测点的舒适度与内部测点的差异不大,*PET*大部分处于30~35℃区间,温暖时间占比保持在60%作用。其中舒适度状况较好的测点是X4、X7、X11、X15、X17、X19,观察其黑球温度可以发现,这些测点的黑球温度小于其他测点,全天处于建筑或树木阴影中的时间较长,这说明夏季遮阴对于舒适度的提高起着明显的作用。

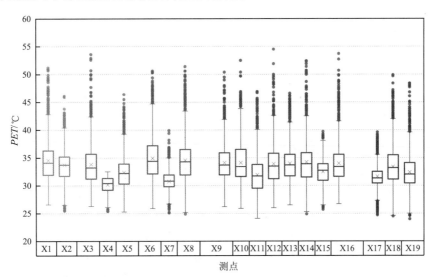

图3-28　2021年9月3日8:30—18:00 *PET*统计(图片来源:著者自绘)

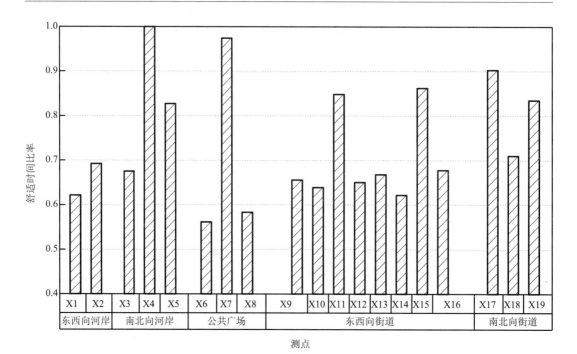

图 3-29　2021 年 9 月 3 日 8:30—18:00 PET 舒适时间比率（图片来源：著者自绘）

图 3-30 为西望村夏季测试日各测点水体距离与 PET 的回归分析结果。由图可知，夏季西望村各测点随水体距离的增加而呈现的 PET 差异趋势较冬季减小，全村室外空间测点的舒适度情况较为相似。这可能是由于在测试时间段内，存在多云的天气状况，导致各测点接受太阳辐射的差异量减小，从而使热舒适度状况差异减小。根据回归结果的 R^2 可知，西望村夏季测点的 PET 与水体距离不存在明显的相关性，只有在 16:00 表现出随水体距离的增加而升高的趋势。

3.5　本章小结

本章以村镇微气候环境为切入点，探究针对村镇的微气候环境评价方法，并在宜兴地区典型村镇中开展微气候调研，依照评价方法分析不同空间类型的各项微气候指标，并着重分析了测点的水体距离对于热舒适度指标的影响。

微气候环境评价主要分为单一指标评价及综合性热舒适度评价。单一指标评价包含对空气温度、相对湿度、太阳辐射以及风速风向的指标评价。热舒适度评价则着重于建立人体热感觉与物理环境的关系，综合评价风热环境对于人体的影响。本章通过文献研究选取了 PET 作为热舒适度的评价指标，并提出了针对村镇整体热舒适度状况的基于时间维度和空间维度的综合评价指标，如舒适时间比率、舒适面积比率、舒适面积比率累计值等。这些指标可基于 PET 指标来评价整体村域以及整体评价时间范围的热舒适度状况。

同时本章制定了对于典型村镇的微气候实测方案，其中包括测试仪器、测试方法、测点选取方法等。于夏、冬季典型测试日开展村镇内部及水体空间的微气候测试，并根据测试结果分析了不同空间类型测点的空气温度、黑球温度、相对湿度、风速、*PET* 及 *PET* 舒适时间比率的实测情况,同时进一步分析了各时刻测点的水体距离对于 *PET* 的影响。由分析结果可知,水体空间测点的 *PET* 在天气晴朗的日间普遍高于村镇内部测点,这说明水体对于周边环境的冷却效应并不能抵消太阳辐射对于环境的加热效应,但随着傍晚太阳辐射的减弱,水体的冷却效应得以显现。

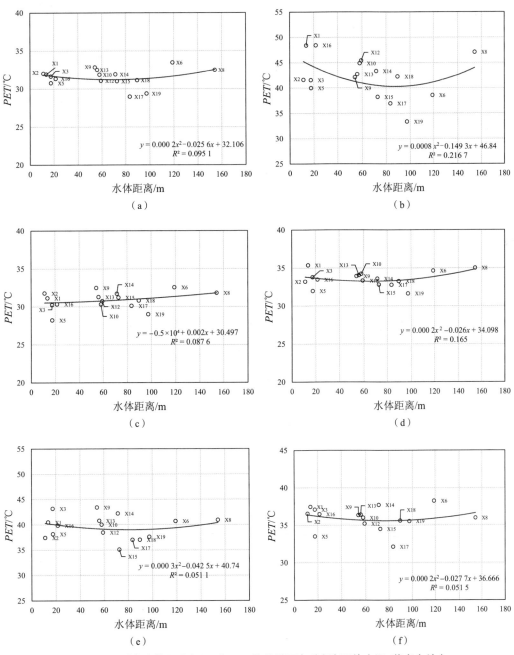

图 3-30　测点水体距离与逐时 *PET* 的线性回归分析(图片来源:著者自绘)

(a)9:00　(b)10:00　(c)11:00　(d)12:00　(e)13:00　(f)14:00

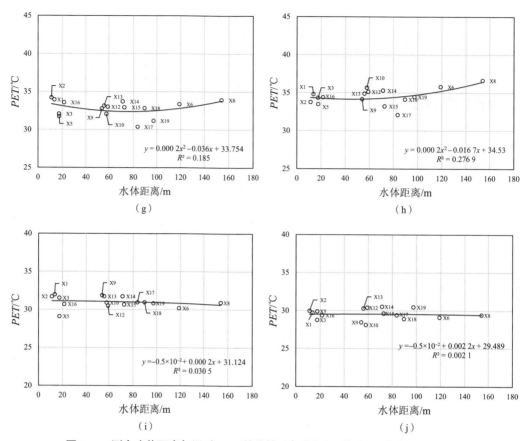

图 3-30　测点水体距离与逐时 *PET* 的线性回归分析(图片来源：著者自绘)(续)
(g)15：00　(h)16：00　(i)17：00　(j)18：00

第四章　水体微气候效应及其影响要素分析

为进一步探究水体对于村镇微气候环境的影响,本章以江苏省宜兴市西望村(东)、周铁村为研究对象,首先,应用 ENVI-met 软件分别模拟冬、夏两季有、无水体等 4 种工况下的村镇微气候状况,进而量化水体微气候效应,并分析其时空分布特征。其次,探究水体微气候效应的影响要素,分别量化分析气象要素与村镇形态要素对于水体气温冷却值及 *PET* 冷却值的影响。

4.1　微气候模拟方法

4.1.1　模拟软件简介

本书采用 ENVI-metV5.0 进行数值模拟。该软件以计算流体力学、热力学和城市气象学等相关理论为基础,主要用于模拟局地尺度的建筑、地表、植被和大气之间的交互作用过程。模拟的空间分辨率通常为 0.5~10 m。默认情况下,输出的时间分辨率为 1 h,其中的湍流和辐射通量以秒为单位进行更新。该分辨率使单个建筑物、地表和植物之间中小尺度的相互作用得以分析。

软件包含 5 个常用工具:用于建立模型的 Spaces 工具、设置模拟相关参数的 ENVI-guide 工具、用于模拟计算的 ENVI-core 工具、用于计算舒适度的 BIO-met 工具、用于可视化分析的 Leonardo 工具。

Spaces 为主要建模工具,可对地形、土壤和表面、建筑及其墙体、植物、污染物和信息提取点进行设置。

ENVI-guide 工具中的参数设置以辐射、来流风速风向、温湿度等 3 项边界条件设置为主,同时提供了选择性设置项,在有计算需求时可调用。

ENVI-core 为模拟计算的求解器,通过载入 ENVI-guide 中生成的模拟任务.simx 文件进行求解。

BIO-met 工具能够实现人体热舒适度指标的计算,其中包括生理等效温度(PET)、通用热气候指数(UTCI)、预计平均投票值/预计不满意百分比(PMV/PPD)、标准有效温度(SET*)。BIO-met 作为 ENVI-met 中的后处理工具,可直接与模拟输出数据进行交互,输出指定时间、指定高度范围的热舒适度指标。

Leonardo 工具用于模拟结果的可视化分析,可设置各类绘图样式,并输出图形与数据。

如图 4-1 所示, ENVI-met 基础模型包含大气模型、土壤模型、植被模型、建筑环境与建筑系统。

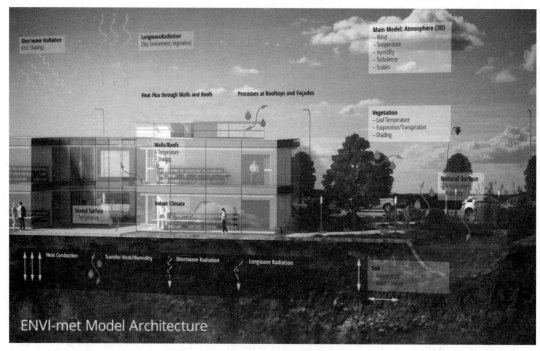

图 4-1　ENVI-met 模型架构[97]

大气模型所包含的变量有空气流动、温湿度、湍流、辐射通量。其中,空气流动采用三维非静力不可压缩流体 Navier-Stokes 方程求解,考虑了浮力、地转偏向力、植被拖拽力的影响。湍流模型则采用 Bruse 在 2017 年提出的标准 k-ε 模型。其他详细数学模型和控制方程可参考 ENVI-met 官网中的相关文献[97-98]。

土壤模型延伸至地表以下 4 m 深度,依据各层之间的水分与热量传递进行模拟计算。除了最上层土壤进行三维传热计算,下层土壤被视为一维垂直柱状。水体在软件中被定义为一种特殊的土壤类型。用户可在数据管理器中设置其热工属性,如热容量、导热系数等。水中的计算过程包括短波辐射在水中的传输和吸收。与其他材质相同,软件通过求解最上层水体的能量平衡方程,估算空气与水面交界处的水面温度。同时,ENVI-metV4.0 及以上也支持水雾模型的模拟,其中包括喷泉和水雾冷却系统。用户可自定义喷泉的特征高度,将其作为"水源"放置于计算网格的中心。

植被模型分为简单的一维结构和复杂的三维结构。软件能够精确模拟植物与环境的互相作用过程和叶片温度变化。

在建筑环境与建筑系统中,所有墙体和屋顶都有其单独的热力学模型。该模型由 7 个预测计算节点组成。节点的温度根据建筑表面的气象参数以及建筑物及其他靠近建筑表面的物体的热状态,不断计算更新。内壁节点的热状态是基于傅里叶热传导定律,并根据墙体和屋顶的物理属性计算的。

目前,该软件已被广泛应用于评价水体与绿化空间对城市微气候的影响,并得到了相应的有效性验证。如 Jacobs 等[24]通过比较实测水温与 ENVI-met 模拟水温的温度曲线,证明 ENVI-metV4.1.3 能够在白天更真实地再现近地表水温的结果。Ouyang 等[99]通过移动实地测量,系统评估了 ENVI-met 模型在绿色基础设施模拟中的热辐射性能,证明了仿真结果中空气温度、相对湿度以及其他辐射变量的准确性。Shi 等[46]通过湖泊周边代表性测点的实测与模拟结果比较,证明模拟结果与观测数据之间存在很强的一致性,RMSE 和 MAPE 范围分别为 1.02~1.95 ℃和 1.86%~4.94%。

4.1.2　物理模型建立

由第二章可知,依据建筑形态分类,宜兴地区的村镇大致可分为混合式和行列式布局,因此选取了以周铁村为代表的混合式村镇和以西望村(东)为代表的行列式村镇,建立 EN-VI-met 数值模拟模型,探究不同村镇形态下水体对于村镇微气候的影响。

为了确保模拟的精确性,设模型域的高度为 h,计算域的高度需≥5 h,计算域的上游部分需≥5 h,下游部分需≥10 h[100-101]。因此,实际模拟范围与研究范围相比在 4 个边界上各扩大了 10 h,计算域高度设置为 5 h,以还原实际村镇中周边环境的影响。

利用 ENVI-met 软件建立的简化村镇模型见图 4-2。计算网格长 2 m,宽 2 m,高 1 m。最低处的网格在 z 轴方向划分为 5 个子网格,以提升行人尺度的模拟精确性。见表 4-1,周铁村的计算域宽 494 m,长 538 m,高 60 m;西望村(东)的计算域宽 612 m,长 574 m,高 60 m。由于西望村(东)中大多数的建筑朝向与正北方向夹角为 23°,因此在建模过程中对模型进行了偏转,以减少建筑边界锯齿状形态的出现。

图例:
- 水体
- 草地
- 建筑
- 沥青混凝土路面
- 石材铺面
- 混凝土铺面

(a)　　　　　　　　　　(b)

图 4-2　简化后的村镇 ENVI-met 模型(图片来源:著者自绘)
(a)周铁村　(b)西望村(东)

为了进一步研究水体在冬、夏季典型气象日对微气候环境的影响,本章设置了冬季有、无水体,夏季有、无水体等 4 种工况。由于在周铁村与西望村(东)中混凝土材质的路面占较大比例,并且在大多新建村落中原本是水体的区域常常被替换为混凝土或沥青路面,因此无水工况中的水体材质以混凝土路面替代。

表 4-1 村镇计算域参数设置

参数设置	周铁村	西望村（东）
网格大小	x-2 m, y-2 m, z-1 m	x-2 m, y-2 m, z-1 m
计算域尺寸	x-494 m, y-538 m, z-60 m	x-612 m, y-574 m, z-60 m
网格数量	x-247, y-269, z-60	x-306, y-287, z-60
模型偏转角度	0°	23°

模型中的建筑物、地表材质参数等依据村镇中的实际材质种类设置,同时参考《民用建筑热工设计规范》(GB 50176—2016)与软件 ENVI-met 内置的材质库,具体属性值见表 4-2 和表 4-3。

表 4-2 建筑物材质属性设置

材料类别	密度/ (kg/m³)	导热系数/ (W/(m·K))	比热容/ (J/(kg·K))	发射率/%	吸收率/%	反射率/%	粗糙度/m
普通烧结砖墙	1 800	0.81	750	0.93	0.60	0.30	0.02
烧结多孔砖墙	1 400	0.58	1 050	0.93	0.60	0.30	0.02
瓦屋顶	1 900	0.84	800	0.90	0.50	0.50	0.02

表 4-3 地表材质属性设置

材料类别	导热系数/ (W/(m·K))	比热容/ (J/(kg·K))	发射率/%	反照率/%	粗糙度/m
土壤	0.76	1 010	0.98	0.20	0.015
水体	0.60	4 182	0.96	0.00	0.01
沥青混凝土路面	1.05	1 680	0.90	0.20	0.01
混凝土铺面	1.28	920	0.90	0.30	0.01
石材铺面	2.09	910	0.90	0.30	0.01

村镇模型中的植物分为草地、灌木和乔木。草地和灌木从 ENVI-met 默认植物数据库中进行选择。选取的草模型高度为 0.25 m,反射率为 0.2,根深为 0.2 m,各层次叶面积密度 LAD 均设置为 0.3。选取的灌木模型高度为 1 m,反射率为 0.2,根深为 1 m,各层次叶面积密度 LAD 均设置为 2.5。由于研究区域内的乔木种类较多,对于不同种类、不同大小的单个树木建模非常耗时,本书选取宜兴地区较为常见的香樟树进行建模。基于现场实地调研和文献,在 Albero 模块中进行三维植物模型建立和参数设置,以确保植物参数符合实际情况,具体参数见表 4-4。

表 4-4　乔木建模参数[102]

参数类别		参数值
树冠形态	树高/m	10
	冠幅/m	7
	冠下高/m	3
	冠形	球形
根系形态	根深/m	4
	根幅/m	10
叶片属性	叶片类型	阔叶型
	叶片反射率	0.18
	LAI	3.76
	各层 LAD/(m²/m³)（由下至上）	0.278
		0.421
		0.601
		0.716
		0.694
		0.562
		0.094

4.1.3　模拟参数设置

根据软件 ENVI-met 的官方建议,模拟应在日出之前开始,而且至少提前 6 h 运行,以克服初始化的影响。因此,本研究的模拟均于前一日的 4:00 开始,于模拟日期的 24:00 结束,模拟时长共计 44 h。

4.1.3.1　有效性验证边界条件

依据 24 h 内的天气类型及实测数据的准确性,采用宜兴市周铁村 2020 年 12 月 22 日测量的数据进行模拟的有效性验证。输入的气象参数依据周铁村边界开敞处的气象站所获取的数据来设置(见表 4-5 和图 4-3)。其中,输入的空气温度与相对湿度为每小时记录值,输入的风速为全天平均值,输入的风向为依据 16 方位统计的全天最大风频所对应的风向。太阳辐射数据通过软件内置的辐射模型计算,并依据实测太阳辐射值进行系数校准。初始土壤温度由接触式温度表 54-ⅡB 的实测值确定。

表 4-5　模拟边界条件设置

参数名	有效性验证参数
模拟日期	2020 年 12 月 22 日
风速(10 m 高)	1.64 m/s
风向(10 m 高)	SSE,157.5°

参数名	有效性验证参数
绝对湿度（2 500 m 高）	2.2 g/kg
粗糙度	0.01 m
太阳辐射系数	0.95
初始土壤温度/湿度	2 ℃ /65%（0~20 cm 土壤深度）
	2 ℃ /70%（20~50 cm 土壤深度）

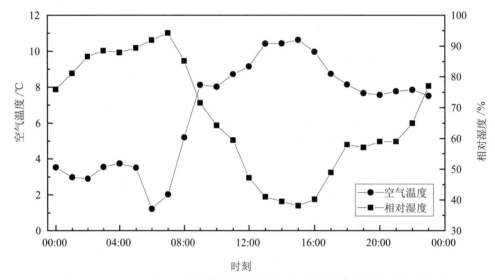

图 4-3　2020 年 12 月 22 日周铁村空气温度与相对湿度（图片来源：著者自绘）

4.1.3.2　典型气象日边界条件

　　模拟所采用的夏季与冬季典型气象日参数由村镇气象站的实测数值计算得到,能够代表该地区在本年度冬、夏两季最为典型的气象状况,计算方法参考《城市居住区热环境设计标准》(JGJ 286—2013)[103]与《中国建筑热环境分析专用气象数据集（CSWD）》[104]得出。

　　标准 JGJ 286—2013 将典型气象日定义为在典型气象年中选取的代表季节气候特征的一日。夏季(或冬季)典型气象日的定义为典型气象年最热月(或最冷月)中的气温、日较差、湿度、太阳辐射照度的日平均值与该月平均值最为接近的一日。将 1 月作为最冷月，7 月作为最热月。但《城市居住区热环境设计标准》(JGJ 286—2013)并未给出量化每日数据与月平均数据接近关系的方法,因此本书对《中国建筑热环境分析专用气象数据集（CSWD）》中确定“气象平均月”的计算方法进行修改与迁移,用以计算典型气象日数据。CSWD 方法对日平均温度、日最低温度、日最高温度、日平均相对湿度、日总辐射、日平均风速、日平均地表温度赋予相应权重后进行计算。因气象站未提供地表温度,依据《建筑能耗模拟用典型气象年研究》[105]中的处理方法,将其所属权重加至相关性较高的日平均温度所属权重,其余参数的权重与 CSWD 保持一致,见表 4-6。

表 4-6　气象参数权重系数

气象参数	日平均温度	日最低温度	日最高温度	日平均相对湿度	日总辐射	日平均风速
权重	3/16	1/16	1/16	2/16	8/16	1/16

在确定气象参数与相关权重后，具体计算步骤如下。

（1）统计 1 月与 7 月每日各气象参数值 $X_{i,m}$，i 为参数编号，m 为日期。

（2）计算 1 月与 7 月各气象参数的平均值 $\overline{X}_{i,m}$ 及标准差 $S_{i,m}$。

（3）对各参数进行标准化处理如式（4-1）：

$$\lambda_{i,m} = (X_{i,m} - \overline{X}_{i,m})/S_{i,m} \qquad (4\text{-}1)$$

（4）对 $\lambda_{i,m}$ 求加权平均值 Y 如式（4-2）：

$$Y = \sum k_i \left| \lambda_{i,m} \right| \qquad (4\text{-}2)$$

（5）选取 1 月与 7 月中 Y 最小值所对应的日期作为夏季（冬季）典型气象日。

由于宜兴市周铁村与西望村（东）中的气象站均于 2020 年 12 月 22 日安装，仅能获取 2021 年全年及 2022 年 1 月的完整观测数据，因此本书所计算的夏季典型气象日仅代表 2021 年的气象状况，冬季典型气象日仅代表 2021 年和 2022 年的气象状况。

由于气象站传感器高度为 2 m，模拟软件所需高度为 10 m，因此需要采用幂指数公式进行风速修正，计算公式如式（4-3）所示[106]。

$$v = v_z \left(\frac{Z}{Z_z} \right)^\alpha \qquad (4\text{-}3)$$

式中：v——待求的 Z 高度处的风速（m/s）；

　　　v_z——已知 Z_z 高度处的风速（m/s）；

　　　Z——需要修正的高度，本书中的取值为 10 m；

　　　Z_z——已知的测风高度，本书中的取值为 2 m；

　　　α——风廓线幂指数，在村镇和城市郊区依照《用风廓线指数律模拟风速随高度变化》[106] 取 0.16。

考虑到气象站的放置位置和数据的完整程度，本书以设置在西望村（东）的气象站数据为基础，计算了夏季与冬季典型气象日的参数，包括空气温度、相对湿度、风速、太阳辐射等。最终计算所得的夏季典型气象日为 2021 年 7 月 22 日，冬季典型气象日为 2021 年 1 月 16 日，具体见表 4-7、图 4-4（a）和（b）。空气温度、相对湿度、风速均为典型气象日当日的实测数值；太阳辐射数据通过软件内置的辐射模型计算，并依据实测太阳辐射值进行系数校准；初始土壤温度由接触式温度表 54-ⅡB 在冬、夏两季的实测值确定。由于风向的计算具有特殊性，上述计算方法中无法量化风向的整体状况，因此单独对冬季 1 月、夏季 7 月的风向、风频进行统计，并选取频率最高的风向作为典型气象日的风向。

表 4-7　典型气象日边界条件设置

参数名		冬季典型气象日参数	夏季典型气象日参数
模拟日期		2021 年 1 月 16 日	2021 年 7 月 22 日
风速（10 m 高）		1.79 m/s	2.56 m/s
风向（10 m 高）		ESE，112.5°	SE，135.0°
绝对湿度（2 500 m 高）		2.2 g/kg	8 g/kg
粗糙度		0.01 m	0.01 m
太阳辐射系数		0.90	0.85
初始土壤温度/湿度	0~20 cm	2 ℃ /65%	27 ℃ /70%
	20~50 cm	2 ℃ /70%	24 ℃ /75%

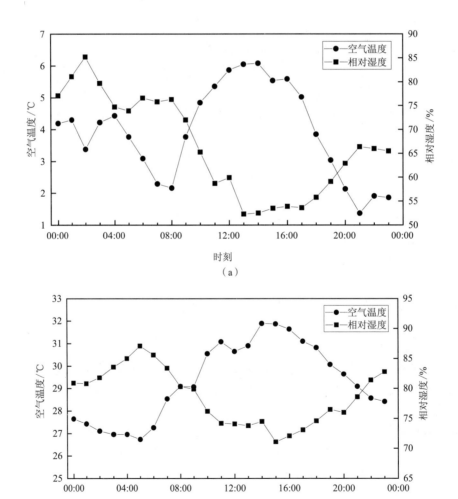

图 4-4　典型气象日空气温度与相对湿度（图片来源：著者自绘）

（a）2021 年 1 月 16 日　（b）2021 年 7 月 22 日

冬季典型气象日风向的确定考虑了 2021 年 1 月和 2022 年 1 月的风向风速状况。由图 4-5 可知,1 月频率最高的风向为 ESE。整体风向频率分布较不稳定,风向呈现两种趋势,即东南方向与西北方向。西北方向虽所占频率略小于东南方向,但风速高于 3 m/s 的风向频率明显高于东南方向,整体风速强度较大。这种状况的出现是由于夏热冬冷地区冬季盛行风向为西北风,同时村镇东面紧临大面积的太湖水域,极易受到水陆风的影响,因此形成了冬季两种主导风向交替出现的情况。由于东南方向的频率大于西北方向,因此将 ESE 方向作为冬季典型气象日的主导风向。

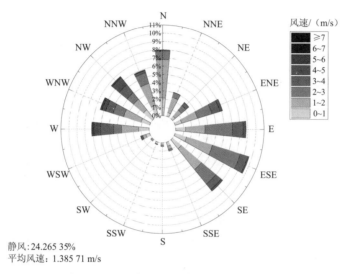

图 4-5 2021 年 1 月、2022 年 1 月风玫瑰图(图片来源:著者自绘)

夏季典型气象日风向的确定考虑了 2021 年 7 月的风向风速状况。由图 4-6 所示,7 月频率最高的风向为 SE,并且东南方向集中了 7 月大部分的风,因此将 SE 方向作为夏季典型气象日的主导风向。

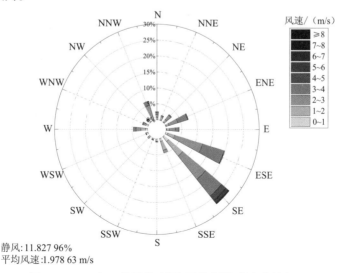

图 4-6 2021 年 7 月风玫瑰图(图片来源:著者自绘)

4.1.4　模拟有效性验证

为验证模拟结果的有效性,除常用的回归分析外,本书还采用了其他误差评估指标,即均方根误差(RMSE)、平均偏差误差(MBE)、平均绝对误差(MAE)。回归分析的决定系数 R^2 反映实测数据的全部变化能通过回归关系被模拟数据解释的比例。MBE 用于确定模拟值与实测值存在正偏差还是负偏差。MAE 是模拟值与实测值之间绝对误差的平均值,与RMSE 一起用于评价模拟值和实测值之间的平均差距。设真实值为 y,模拟值为 $\hat{y}$,相关计算公式如式(4-4)、(4-5)、(4-6)所示[107]。

$$RSME = \sqrt{\frac{1}{n}\sum_{i=1}^{n}(\hat{y}_i - y_i)^2} \tag{4-4}$$

$$MBE = \frac{1}{n}\sum_{i=1}^{n}(y_i - \hat{y}_i) \tag{4-5}$$

$$MAE = \frac{1}{n}\sum_{i=1}^{n}|y_i - \hat{y}_i| \tag{4-6}$$

本研究对冬季周铁村中 10 个实测测点的空气温度、相对湿度进行了测量值与模拟值的对比验证,每个参数的验证均基于 81 对实测值与模拟值。由于本研究重点关注水体的微气候效应,因此对水体表面温度也进行了验证。

图 4-7 为实测值与模拟值的回归分析曲线。表 4-8、表 4-9 为单个测点与所有测点的空气温度和相对湿度误差评估结果,表 4-10 为水体表面温度的误差评估结果。$R^2 > 0.69$ 的模拟结果通常能够准确预估实际测量值[108]。通过回归分析可知,空气温度、相对湿度、水体表面温度的 R^2 均大于 0.69,表明模拟值与实测值之间具有较强的相关关系。此外,所有测点的空气温度与相对湿度 RSME 值分别为 0.78 ℃和 5.54%,水体表面温度的 RSME 值为1.48 ℃,均在以往研究的可接受范围内。

表 4-8　空气温度模拟误差评估

测点	R^2	RSME	MBE	MAE
Z0	0.88	0.54	0.07	0.52
Z1	0.81	0.72	−0.49	0.64
Z4	0.74	0.81	−0.63	0.79
Z6	0.90	0.81	−0.44	0.76
Z9	0.78	0.96	−0.50	0.89
Z10	0.93	0.97	0.72	0.73
Z11	0.95	0.78	−0.32	0.70
Z12	0.87	0.49	−0.07	0.43
Z13	0.74	0.81	−0.32	0.79
Z18	0.90	0.74	−0.14	0.64
所有测点	0.73	0.78	−0.21	0.69

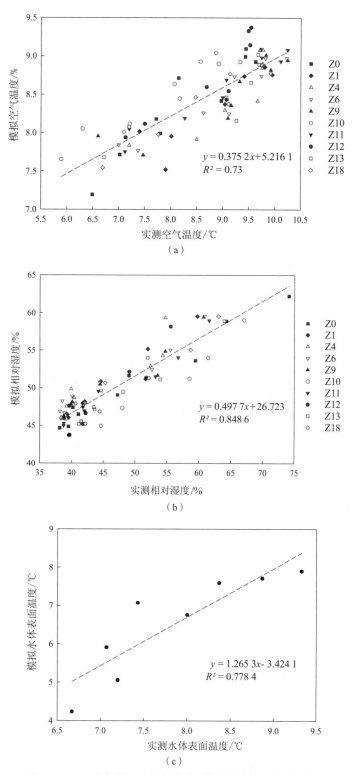

图4-7　实测值与模拟值的回归分析(图片来源:著者自绘)

（a)空气温度　（b)相对湿度　（c)水体表面温度

表 4-9　相对湿度模拟误差评估

测点	R^2	RSME	MBE	MAE
Z0	0.97	5.33	2.26	5.05
Z1	0.93	5.28	4.40	4.54
Z4	0.85	6.85	5.88	5.88
Z6	0.95	6.65	4.97	5.42
Z9	0.93	5.90	4.25	5.00
Z10	0.93	4.86	−1.98	3.82
Z11	0.96	4.81	2.76	4.47
Z12	0.89	4.30	3.72	3.80
Z13	0.92	3.94	1.89	3.83
Z18	0.95	5.53	3.11	5.09
所有测点	0.85	5.54	2.94	4.78

表 4-10　水体表面温度模拟误差评估

测点	R^2	RSME	MBE	MAE
Z6	0.78	1.48	−1.34	1.34

　　模拟结果的误差主要体现在趋势和数值差异两个方面。从趋势来看,以图 4-8 中测点 Z13 的实测值与模拟值变化为例,ENVI-met 软件无法精确捕捉测试点被阴影遮蔽的瞬时状态,并将其反映到气温变化上,因此气温随时间的变化幅度小于实测值。

　　从数值来看,空气温度的 MBE 值除测点 Z0 和 Z10 外均为负值,相对湿度的 MBE 值除测点 Z10 外均为正值,表明 ENVI-met 软件会低估空气温度并高估相对湿度。其原因可能是 ENVI-met 的模拟过程没有考虑人为热排放的影响,并且实际测试中风向和风速会实时变化,但这种变化无法反映在模拟结果中。水体表面温度的 MBE 值均为负值,且其 MAE 值大于空气温度的 MAE 值,说明模拟结果会低估水体温度值,从而高估水体对于空气温度的冷却效应。

　　综上可知,实测结果与模拟结果存在一定的差异,但软件 ENVI-met 的模拟结果仍可以再现村镇内部微气候时空分布的重要特征。

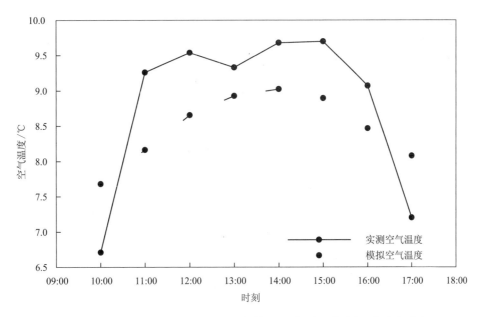

图 4-8 测点 Z13 的空气温度实测值与模拟值对比（图片来源：著者自绘）

4.2 水体对村镇微气候环境的影响分析

4.2.1 水体对空气温度的影响

已有研究[23, 27, 46]中计算的水体冷却值常为实测水体处温度与无水体参考点处温度的差值,但这种计算方法无法消除不同外部气象条件与建成环境条件的影响,计算的冷却值无法精确反映水体对气温的影响。因此通过模拟有、无水体两种工况的方法,将冷却值定义为有水工况与无水工况的差值,以消除其他变量对气温的影响。此外,由于 1.5 m 高度的热环境对行人活动舒适度的影响最为密切,因此取该高度的气温进行水体冷却值计算。水体对空气温度的冷却值计算公式如式（4-7）：

$$\Delta T = T_w - T_n \qquad (4-7)$$

式中：T_w、T_n——有、无水工况下距地面 1.5 m 处的空气温度值。

在计算完空气温度的冷却值后,将各时刻研究范围内的冷却值划分为 7 个区间,统计每个冷却值区间所对应的空间面积占比,作为该冷却值区间的空间比率,同时统计各时刻研究范围内 ΔT 的最小值 ΔT_{min} 以及平均值 ΔT_{ave},如图 4-9、图 4-11 所示。此外也给出了两个代表时刻 5:00 与 15:00 的村镇 ΔT 空间分布图,如图 4-10、图 4-12 所示。

由图可知,冬、夏两季水体的存在均会使周边区域的空气温度降低,但针对不同季节和时刻、不同水体布局及村镇形态,冷却范围和强度会表现出一定的差异。

图 4-9 为周铁村 ΔT 逐时空间比率分布图。如图 4-9（a）所示,冬季研究范围内 ΔT_{min} 在 14:00 达到全天最小值-1.247 ℃,在 7:00 达到全天最大值-0.372 ℃；ΔT_{ave} 在 14:00 达到全

天最小值-0.188 ℃,在 7：00 达到全天最大值-0.063 ℃。从 ΔT 的逐时空间比率分布来看,73%~93%区域的 ΔT 处于-0.2~0 ℃之间,并且最多仅有 2%区域的 ΔT 达到-1 ℃以下,说明在冬季水体对空气温度的冷却效应只集中在较小的空间范围内,且冷却强度较小。如图 4-9 （b）所示,夏季研究范围内 ΔT_{min} 在 12：00 达到全天最小值-2.341 ℃,在 6：00 达到全天最大值-0.572 ℃；ΔT_{ave} 在 14：00 达到全天最小值-0.323 ℃,在 6：00 达到全天最大值-0.107 ℃。从 ΔT 的逐时空间比率分布来看,57%~87%区域的 ΔT 处于-0.2~0 ℃之间,并且在 9:00—17:00 有 5%以上的区域一直处于 ΔT 小于-1 ℃的区间,表明夏季的冷却强度与范围明显大于冬季,日间的冷却强度与范围明显大于夜间。

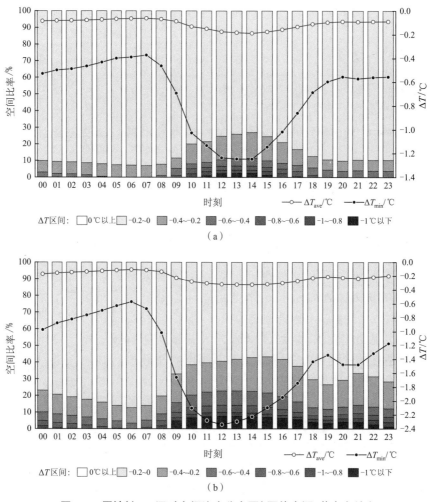

图 4-9　周铁村 ΔT 逐时空间比率分布图（图片来源：著者自绘）

（a）冬季典型气象日　（b）夏季典型气象日

图 4-10 为周铁村冬季与夏季 5：00（代表夜间）、15：00（代表日间）的 ΔT 空间分布图。由图可知,水体对空气温度的冷却范围远远大于水体所在的区域,并且随着向村镇内部的扩展,冷却强度逐渐下降。此外,同样可以印证夏季的冷却范围及强度明显大于冬季,日间的

冷却范围及强度明显大于夜间。这表明太阳辐射的存在和气温的升高可能会显著影响水体的冷却效果。究其原因，可能是夏季和日间空气温度高且太阳辐射强，导致水体的蒸发冷却效应加强，从而增大了水体的冷却强度与范围。

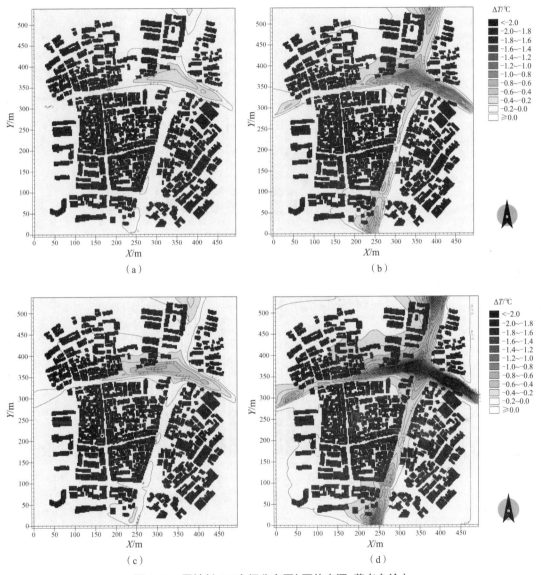

图4-10　周铁村 ΔT 空间分布图（图片来源：著者自绘）

（a）冬季典型气象日 5:00　（b）冬季典型气象日 15:00　（c）夏季典型气象日 5:00　（d）夏季典型气象日 15:00

图4-11 为西望村（东）ΔT 逐时空间比率分布图。如图 4-11（a）所示，冬季研究范围内 ΔT_{min} 在 14:00 达到全天最小值-1.596 ℃，在 7:00 达到全天最大值-0.479 ℃；ΔT_{ave} 在 14:00 达到全天最小值-0.261 ℃，在 7:00 达到全天最大值-0.089 ℃。从 ΔT 的逐时空间比率分布来看，62%~91%区域的 ΔT 处于-0.2~0 ℃之间，最多存在 3.7%区域的 ΔT 达到-1 ℃以下，说明在冬季水体对空气温度的冷却效应只集中在较小的空间范围内，且冷却强度较小。如图

4-11(b)所示,夏季研究范围内 ΔT_{min} 在 13:00 达到全天最小值-3.071 ℃,在 6:00 达到全天最大值-0.756 ℃; ΔT_{ave} 在 14:00 达到全天最小值-0.457 ℃,在 6:00 达到全天最大值-0.156 ℃。从 ΔT 的逐时空间比率分布来看,33%~79%区域的 ΔT 处于-0.2~0 ℃之间,并且在 9:00 —21:00 有 5%以上的区域一直处于 ΔT 小于-1 ℃的区间,表明夏季的冷却强度与范围明显大于冬季,日间的冷却强度与范围明显大于夜间。

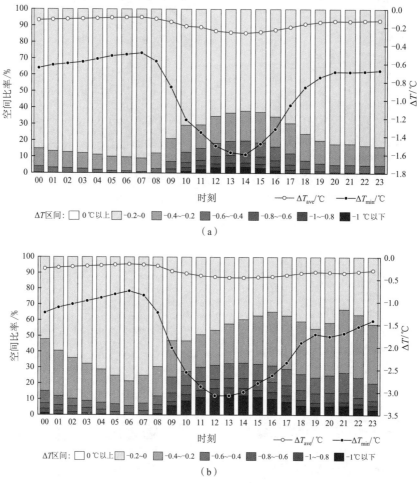

图 4-11　西望村(东) ΔT 逐时空间比率分布图(图片来源:著者自绘)
(a)冬季典型气象日　(b)夏季典型气象日

图 4-12 为西望村(东)冬季与夏季 5:00(代表夜间)、15:00(代表日间)的 ΔT 空间分布图。由图可知,西望村内部水网密集,水体在整个村域范围内均存在冷却效应。其中夏季的冷却强度大于冬季,日间的冷却强度大于夜间。对比不同走向及位置的水体可以发现,东西走向水体的冷却强度大于南北走向,位于村镇东部的水体其冷却强度会大于西部。其次,从整体来看,水体冷却范围均具有由东向西的扩展趋势。

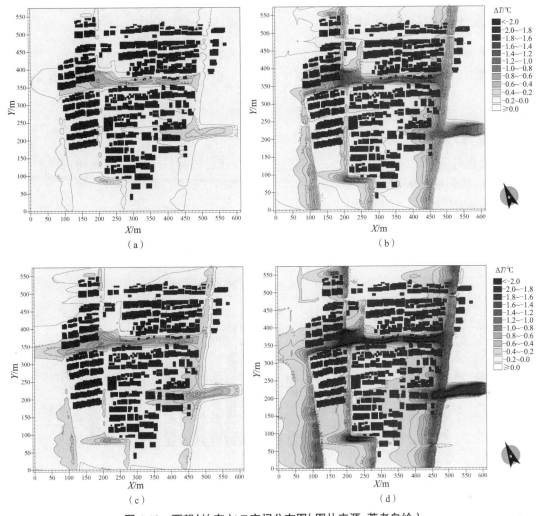

图 4-12　西望村(东)ΔT 空间分布图(图片来源:著者自绘)
(a)冬季典型气象日 5:00　(b)冬季典型气象日 15:00　(c)夏季典型气象日 5:00　(d)夏季典型气象日 15:00

　　通过对比周铁村与西望村(东)的 ΔT 空间分布图可以发现,西望村(东)中的水体在冬、夏两季对于空气温度的冷却范围大于周铁村。其中西望村(东)冬季 14:00 的 ΔT_{ave} 与周铁村相比降低 0.073 ℃,夏季 14:00 的 ΔT_{ave} 与周铁村相比降低 0.134 ℃,表明西望村(东)中的水体平均冷却强度均大于周铁村,并且两者之间夏季冷却值的差异量大于冬季。这一差异主要是由于这两个村镇不同的建筑空间形态、水体形态、植被覆盖引起的。通过观察二者的 ΔT 空间分布图可以发现,由于西望村(东)的河流分布较为分散,且水体率较大,水体冷却范围明显大于周铁村,且冷却范围能较好地覆盖整个村镇。与此同时,两个村镇的水体冷却范围大多沿着主导风向向村镇内部扩展,而在建筑较为密集的区域可以看到冷却范围的扩展有明显被阻挡的趋势。周铁村内部的建筑密度较大,因而水体的冷却效果较难扩展到村镇内部,大多局限于水体及其堤岸区域。并且密集排布的村镇形态会产生大量的阴影空间提供降温途径,那么水体对于村镇空间的降温效果就会被削减。

4.2.2　水体对相对湿度的影响

首先参考水体冷却值的计算方法，将水体对于相对湿度的影响量化为有水工况与无水工况的差值，以消除其他变量对于相对湿度的影响。水体对相对湿度的影响值计算公式如式（4-8）：

$$\Delta RH = RH_w - RH_n \tag{4-8}$$

式中：RH_w、RH_n——有、无水工况下距地面 1.5 m 处的相对湿度值。

其次将各时刻研究范围内的 ΔRH 划分为 7 个区间，统计每个 ΔRH 区间所对应的空间面积占比，作为该 ΔRH 区间的空间比率。同时统计各时刻研究范围内 ΔRH 的最大值 ΔRH_{max} 及平均值 ΔRH_{ave}。

图 4-13 为周铁村 ΔRH 逐时空间比率分布图。冬、夏两季周铁村中水体的存在均会导致相对湿度的升高，且 ΔRH 整体呈现随空气温度的升高而增大的趋势。

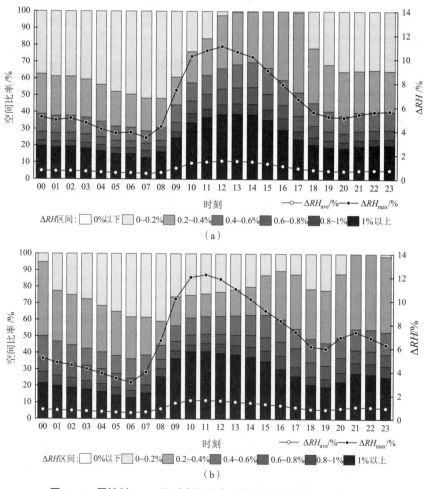

图 4-13　周铁村 ΔRH 逐时空间比率分布图（图片来源：著者自绘）

（a）冬季典型气象日　（b）夏季典型气象日

冬季研究范围内 ΔRH_{max} 在 12：00 达到全天最大值 11.087%，在 7：00 达到全天最小值 3.436%；ΔRH_{ave} 在 12：00 达到全天最大值 1.520%，在 7：00 达到全天最小值 0.467%。从 ΔRH 的逐时空间比率分布来看，全天存在 12.67%~38.75% 区域的 ΔRH 处于大于 1% 的范围内，存在 30.39%~71.41% 区域的 ΔRH 在 0~0.4% 的范围内，而 ΔRH 处于 0.4%~1% 范围内的区域较少。

夏季研究范围内 ΔRH_{max} 在 11：00 达到全天最大值 12.21%，在 6：00 达到全天最小值 3.093%；ΔRH_{ave} 在 11：00 达到全天最大值 1.579%，在 6：00 达到全天最小值 0.506%。从 ΔRH 的逐时空间比率分布来看，全天存在 12.87%~40.86% 区域的 ΔRH 处于大于 1% 的范围内，存在 36.97%~63.74% 区域的 ΔRH 在 0~0.4% 的范围内，而 ΔRH 处于 0.4%~1% 范围内的区域较少。

对比冬、夏两季可知，从 ΔRH 的平均情况来看，夏季增湿效果大于冬季；但从 ΔRH 的逐时分布来看，夏季日间 ΔRH 处于 0~0.2% 范围的区域大于冬季日间，这说明在夏季 ΔRH 在水体区域的增湿效果较大，但这种效果只集中于水体区域，对于周边环境的扩散作用较小。

图 4-14 为西望村（东）ΔRH 逐时空间比率分布图。冬、夏两季西望村（东）中水体的存在均会导致相对湿度的升高，且 ΔRH 整体呈现随空气温度的升高而增大的趋势。

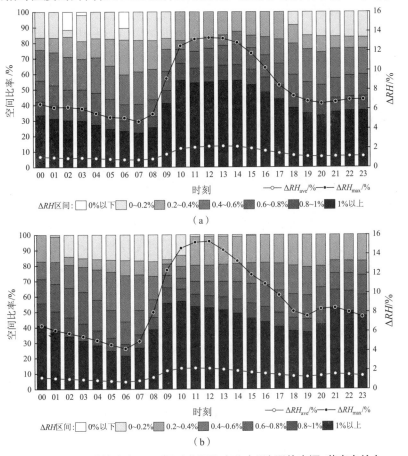

图 4-14 西望村（东）ΔRH 逐时空间比率分布图（图片来源：著者自绘）

（a）冬季典型气象日 （b）夏季典型气象日

冬季研究范围内 ΔRH_{max} 在 12：00 达到全天最大值 13.323%，在 7：00 达到全天最小值 4.705%；ΔRH_{ave} 在 13：00 达到全天最大值 2.178%，在 7：00 达到全天最小值 0.760%。从 ΔRH 的逐时空间比率分布来看，全天存在 22.12%~55.83% 区域的 ΔRH 处于大于 1% 的范围内，只存在小部分区域的 ΔRH 在 0~0.2% 范围内，在 2：00、3：00、6：00 出现部分区域的 ΔRH 小于 0 的情况。

夏季研究范围内 ΔRH_{max} 在 11：00 达到全天最大值 15.216%，在 6：00 达到全天最小值 4.209%；ΔRH_{ave} 在 11：00 达到全天最大值 2.165%，在 6：00 达到全天最小值 0.750%。从 ΔRH 的逐时空间比率分布来看，全天存在 21.54%~56.81% 区域的 ΔRH 处于大于 1% 的范围内，只存在小部分区域的 ΔRH 在 0~0.2% 范围内。

对比冬、夏两季可知，无论是从 ΔRH 的平均情况还是空间分布来看，夏季增湿效果均大于冬季。

对比周铁村和西望村（东）的 ΔRH 分布状况可知，水体对于西望村（东）的增湿效果要大于周铁村。这同样是由于西望村（东）的水体率较高，建筑密度较小，这导致水体带来的增湿效应大，并且这种增湿效应由于缺少建筑的阻挡较易通过空气流动扩展到村镇内部。

4.2.3 水体对风环境的影响

在对照组中水体材质被混凝土材质所替代，这两种材质在粗糙度上有所区别，水体的粗糙度小于混凝土的。但在模拟结果中由于水体的面积过小，这种由于粗糙度减小而导致的风速增加效应无法体现出来，因此本节着重分析村镇中不同走向的水体空间所带来的差异化风速效应。这种风速效应也是导致水体产生不同强度微气候效应的原因之一。

图 4-15 为周铁村夏季与冬季典型气象日 15：00 的风速、风向分布图。同时将水体区域设为焦点区域，沿南北方向选取观测线 L1，沿东西方向选取观测线 L2，观测线位置见图 4-16（a）。图 4-17、图 4-18 给出了观测线 L1、L2 上的夏季与冬季典型气象日的风速分布，其中灰底部分为水体焦点区域。

如图 4-15 所示，水体空间作为一种开敞空间，对空气流动的阻碍作用很小，因此在水体空间对应的区域会出现局部风速增大的现象。这种空气流动加剧的效果会由于水体走向的不同产生明显差异。如图 4-17、图 4-18 所示，L1 观测线上水体空间的风速明显大于 L2 观测线，这是由于 L1 观测线所对应的水体与主导风向所呈现的夹角小，形成了穿越村镇的畅通风廊；而 L2 观测线所对应的水体与主导风向垂直，且位于村镇中部，空气流动受到周围建筑的阻隔，因而这种风速加剧程度减弱。

图 4-19 为西望村（东）夏季与冬季典型气象日 15：00 的风速、风向分布图。同时将水体区域设为焦点区域，沿南北方向选取观测线 L3，沿东西方向选取观测线 L4，测线位置见图 4-15（b）。图 4-20、图 4-21 给出了观测线 L3、L4 上的夏季与冬季典型气象日的风速分布，其中灰底部分为水体焦点区域。

如图 4-19 所示，在西望村（东）水体空间并未呈现明显的风速加剧趋势，这是由于西望村建筑密度小，除了水体空间这一种开敞空间外，还存在多条较为宽阔的街道，这些开敞空间均不同程度地导致了风速的增加。对比 L3、L4 观测线上的风速可知，垂直于主导风向的 L3 观测线上的风速略大于 L4 观测线，这同样是由于平行于风向的多条通风廊道导致的。

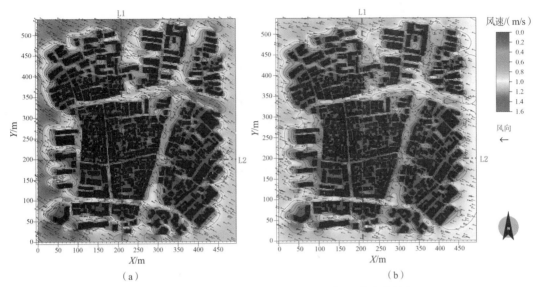

图 4-15 周铁村风速、风向分布图(图片来源:著者自绘)

(a)夏季典型气象日 15:00 (b)冬季典型气象日 15:00

图 4-16 周铁村与西望村(东)观测线示意图(图片来源:著者自绘)

(a)周铁村 (b)西望村(东)

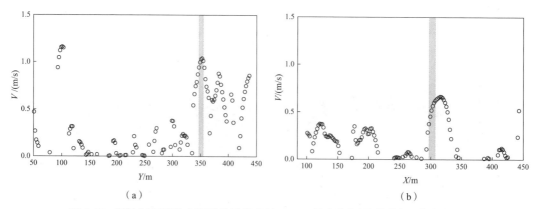

图 4-17　周铁村观测线上夏季典型气象日 15:00 风速分布（图片来源:著者自绘）

（a）L1　（b）L2

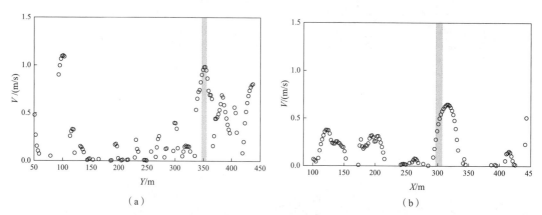

图 4-18　周铁村观测线上冬季典型气象日 15:00 风速分布（图片来源:著者自绘）

（a）L1　（b）L2

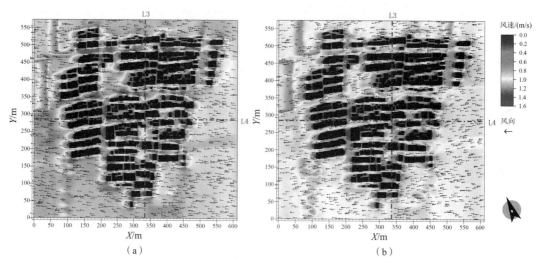

图 4-19　西望村（东）风速、风向分布图（图片来源:著者自绘）

（a）夏季典型气象日 15:00　（b）冬季典型气象日 15:00

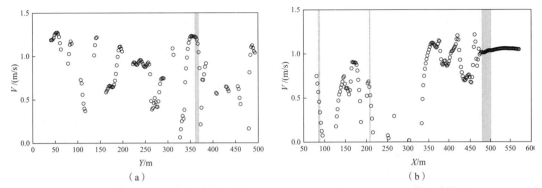

图4-20　西望村（东）观测线上夏季典型气象日15：00风速分布（图片来源：著者自绘）

（a）L3　（b）L4

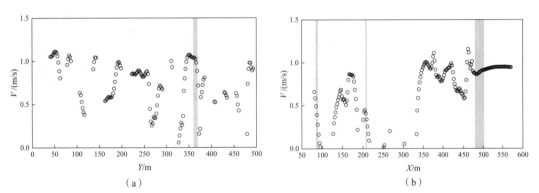

图4-21　西望村（东）观测线上冬季典型气象日15：00风速分布（图片来源：著者自绘）

（a）L3　（b）L4

4.2.4　水体对室外热舒适的影响

4.2.4.1　室外热舒适评价

本节首先对于有水工况和无水工况下的热舒适度状况进行评价，以此明晰水体能否在冬、夏两季对村镇的热舒适度性能产生增益效果或减损效果。所采用的评价指标是3.1.2.2节所述的逐时 PET 等级面积比率以及舒适面积比率逐时累计值（ tCZR ）。

图4-22、图4-23为周铁村冬、夏两季有、无水体工况下的逐时 PET 等级面积比率统计。对于冬季典型气象日而言，评价时段内均有部分区域处于"凉"感受区间，并且舒适时间只集中于日间9：00—16：00。对比有、无水水体工况，可以发现各个感受区间的面积并无明显变化，在逐时的 PET 平均值上表现出微弱的下降趋势，这说明水体的存在对冬季评价时段内的热舒适度状况影响并不明显。对于夏季典型气象日而言，舒适时间集中在日出以前及日落以后，日间大部分时间与区域都处于"稍暖""暖"感受区间。水体的存在能够极大减少夏季午间的"暖"感受区间，将其转化为"稍暖"感受区间。

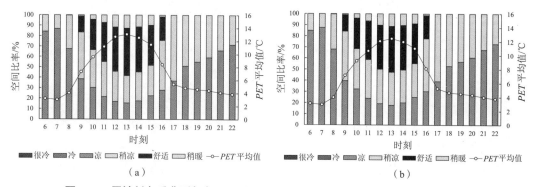

图 4-22 周铁村冬季典型气象日逐时 *PET* 空间比率分布图(图片来源:著者自绘)
（a）无水工况 （b）有水工况

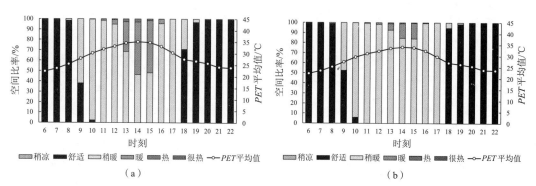

图 4-23 周铁村夏季典型气象日逐时 *PET* 空间比率分布图(图片来源:著者自绘)
（a）无水工况 （b）有水工况

图 4-24 为周铁村有、无水工况下的舒适面积比率逐时累计值统计。$tCZR_w$ 为冬季典型气象日舒适面积比率逐时累计值,$tCZR_s$ 为夏季典型气象日舒适面积比率逐时累计值,$tCZR_{sum}$ 为冬、夏两季舒适面积比率逐时累计值的总和。参考表 3-3,夏季舒适范围 p 设置为 20.33~27.58 ℃,冬季舒适范围 p 设置为 11.84~22.56 ℃。

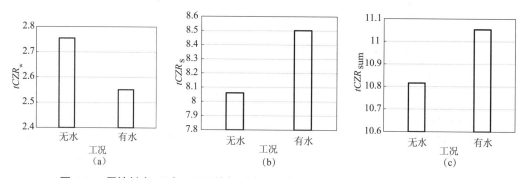

图 4-24 周铁村有、无水工况下的舒适空间比率累计值统计(图片来源:著者自绘)
（a）$tCZR_w$ （b）$tCZR_s$ （c）$tCZR_{sum}$

在 $tCZR_w$ 的统计中,无水工况比有水工况高 0.20;在 $tCZR_s$ 的统计中,无水工况比有水工况小 0.44,这说明水体的存在会提升周铁村在夏季的热舒适度性能,同时降低冬季的热舒适度性能。从 $tCZR_{sum}$ 来看,有水工况比无水工况高 0.24,这说明夏季水体对于村镇空间热舒适度性能的增益效果能够抵消冬季的减损效果,给村镇整体热舒适度状况带来有益效果。

图 4-25、图 4-26 分别为西望村(东)冬、夏两季有、无水体工况下的逐时 PET 等级面积比率统计。由图可知,对于夏季典型气象日而言,西望村(东)的舒适时间同样集中在日出以前及日落以后,日间大部分时间与区域都处于"稍暖""暖"的人体感受区间。但在同样的边界气象条件下,与周铁村相比,西望村(东)处于"稍暖"和"暖"人体感受区间的空间要明显增多。对比有、无水体工况,可以发现水体的存在降低逐时 PET 平均值,并且增加处于"舒适"感受区间的村镇空间比率。对于冬季典型气象日而言,西望村(东)在日间处于"凉"感受区间的村镇空间较周铁村减少,但是评价时段内的舒适空间比率较周铁村大幅度缩小。对比有、无水水体工况,同样可以发现各个感受区间的面积并无明显变化,只在逐时的 PET 平均值上表现出下降趋势。

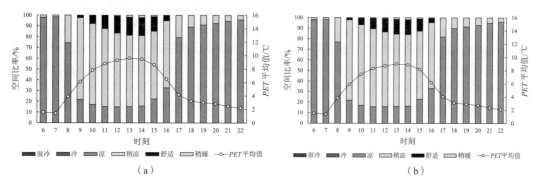

图 4-25　西望村(东)冬季典型气象日逐时 PET 空间比率分布图(图片来源:著者自绘)
(a)无水体工况　(b)有水体工况

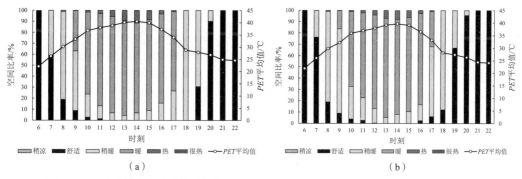

图 4-26　西望村(东)夏季典型气象日逐时 PET 空间比率分布图(图片来源:著者自绘)
(a)无水体工况　(b)有水体工况

图 4-27 为西望村(东)有、无水体工况下的舒适面积比率逐时累计值统计。参考表 3-3,夏季舒适范围 p 设置为 20.33~27.58 ℃,冬季舒适范围 p 设置为 11.84~22.56 ℃。由图可知,冬季典型气象日 $tCZR_w$ 统计中无水体工况比有水体工况高 0.13,夏季典型气象日 $tCZR_s$ 统计中无水体工况比有水体工况小 0.82,这说明水体的存在会提升西望村(东)在夏季的热舒适性能,同时降低冬季的热舒适性能。从 $tCZR_{sum}$ 来看,有水体工况比无水体工况

高 0.69,这说明夏季水体对于村镇空间热舒适度性能的增益效果能够抵消冬季的减损效果,给村镇整体热舒适度状况带来有益效果。

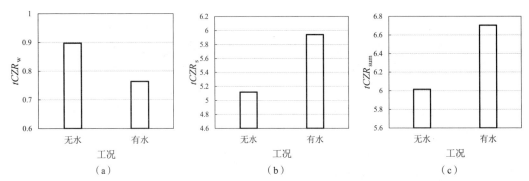

图 4-27　西望村(东)有、无水体工况下的舒适空间比率累计值统计(图片来源:著者自绘)
(a)$tCZR_w$　(b)$tCZR_s$　(c)$tCZR_{sum}$

　　对比周铁村和西望村(东)的 $tCZR$ 统计结果,可以发现水体在冬季对于西望村(东)热舒适状况的减损效果要小于周铁村,在夏季对于西望村(东)热舒适度状况的增益效果要大于周铁村,这最终导致了水体对于西望村(东)整体热舒适度状况的提升效果要大于周铁村。这也间接说明了水体的设置更适用于提升行列式布局村镇的热舒适度状况。

4.2.4.2　PET 冷却值分析

　　参考气温冷却值的计算方法,本书将水体对热舒适度的影响程度定义为水体舒适度冷却值,以表征水体对于 PET 指标的冷却程度。水体舒适度冷却值的计算公式如式(4-9):

$$\Delta PET = PET_w - PET_n \qquad (4-9)$$

式中:PET_w、PET_n——有、无水工况下距地面 1.5 m 处的 PET。

　　参考气温冷却值的统计方法,计算每个舒适度冷却值区间的空间比率,同时统计各时刻研究范围内 ΔPET 的最小值 ΔPET_{min} 及平均值 ΔPET_{ave},如图 4-28、图 4-30 所示。

　　由图 4-28、图 4-29 可知,冬、夏两季水体的存在均会使得周边区域的 PET 降低,但针对不同季节和时刻、不同水体布局及村镇形态,冷却范围和强度会表现出一定的差异。

　　图 4-28 为周铁村 ΔPET 逐时空间比率分布图。如图 4-28(a)所示,冬季研究范围内 ΔPET_{min} 在 13:00 达到全天最小值-1.400 ℃,在 7:00 达到全天最大值-0.211 ℃;ΔPET_{ave} 在 13:00 达到全天最小值-0.600 ℃,在 7:00 达到全天最大值-0.055 ℃。从 ΔPET 的逐时空间比率分布来看,日出前时段(0:00—8:00)与日落后时段(18:00—23:00)的空间比率分布较为相似,有 92.6%~99.5%的区域处于-0.2~0 ℃的 ΔPET 区间;而日间时段的空间比率分布则发生明显变化,大部分区域的 ΔPET 达到了-0.2 ℃以下。此外,在 1:00—9:00 时段小部分区域出现了 ΔPET 大于 0 ℃的情况。

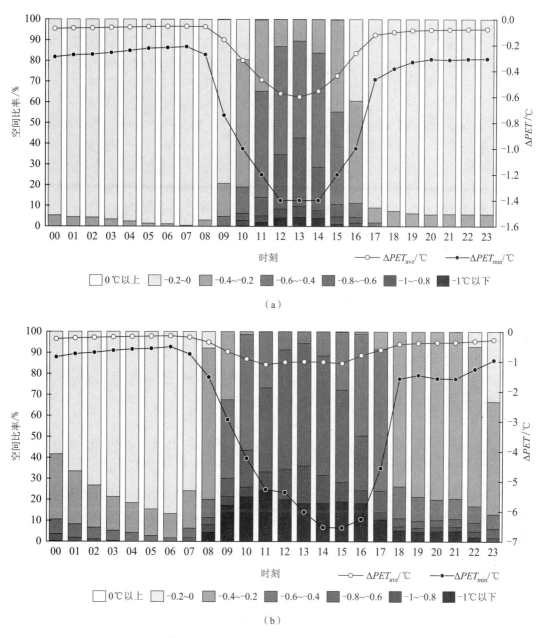

图 4-28　周铁村 ΔPET 逐时空间比率分布图（图片来源：著者自绘）

（a）冬季典型气象日　（b）夏季典型气象日

与 4.2.1 节中 ΔT 的统计结果对比来看，冬季 ΔPET 在日间与夜间的差异性方面更为显著。在冬季，日间水体对 PET 的冷却强度要大于空气温度；而在夜间，水体对 PET 的冷却强度则小于空气温度，加剧了 ΔPET 在冬季日间与夜间的差距。

如图 4-28（b）所示，夏季研究范围内 ΔPET_{min} 在 15：00 达到全天最小值 -6.538 ℃，在 6：00 达到全天最大值 -0.510 ℃；ΔPET_{ave} 在 11：00 达到全天最小值 -1.101 ℃，在 6：00 达到全天

最大值-0.143 ℃。夏季 ΔPET_{ave} 在 11:00—15:00 出现了一段较为平稳的曲线,总体稳定在-1.1~-1.0 ℃左右,与冬季趋势相比发生明显变化。从 ΔPET 的逐时空间比率分布来看,0:00—6:00 及 18:00—23:00 时间段内,村镇内部空间所对应的 ΔPET 呈现不断向 0 ℃靠近的趋势,冷却效果不断下降;而 11:00—15:00 时刻的全村域冷却效果相对较好。

图 4-29 为周铁村冬季与夏季 5:00(代表夜间)、15:00(代表日间)的 ΔPET 的空间分布图。由图可知,日间 PET 冷却强度及范围明显大于夜间,夏季 PET 冷却强度及范围明显大于冬季,这与水体对于空气温度的冷却规律一致。但在日间的空间分布特征上, ΔPET 与 ΔT 存在明显不同之处, ΔPET 除了在水体区域呈现明显的下降态势,在建筑密集区和树木阴影处也存在明显的下降态势。这可能是由于周围环境的热辐射对于 PET 会产生重要影响,因此建筑或树木产生的阴影区域能够使水体对 PET 的冷却效果加强,从而产生叠加的冷却效应,并且这种叠加冷却效应会随着太阳辐射的增强逐渐加剧。

图 4-30 为西望村(东) ΔPET 逐时空间比率分布图。如图 4-30(a)所示,冬季研究范围内 ΔPET_{min} 在 12:00—14:00 达到全天最小值-1.6 ℃,在 7:00 达到全天最大值-0.266 ℃; ΔPET_{ave} 在 13:00 达到全天最小值-0.606 ℃,在 6:00 达到全天最大值-0.065 ℃。从 ΔPET 的逐时空间比率分布来看,日出前时段(0:00—8:00)与日落后时段(18:00—23:00)的空间比率分布较为相似,有 88%~98%的区域处于-0.2~0 ℃的 ΔPET 区间;而日间时段的空间比率分布则发生较大变化,大部分区域的 ΔPET 达到了-0.2 ℃以下,其中在 13:00 有 5.5%的区域达到了-1 ℃以下。此外,在 0:00—8:00 及 15:00—23:00 时段小部分区域出现了大于 0 ℃的现象,表明冬季水体可能会给 PET 带来增温效果。

如图 4-30(b)所示,夏季研究范围内 ΔPET_{min} 在 16:00 达到全天最小值-7.20 ℃,在 6:00 达到全天最大值-0.613 ℃; ΔPET_{ave} 在 9:00 达到全天最小值-1.074 ℃,在 6:00 达到全天最大值-0.174 ℃。夏季 ΔPET_{min} 与 ΔPET_{ave} 随时间的变化趋势与冬季差异明显,且与 ΔT_{min} 及 ΔT_{ave} 的变化趋势也存在差异,具有时间变化上的特殊性。具体表现在, ΔPET_{min} 在日间时段存在先上升后下降的趋势, ΔPET_{ave} 的全天最小值出现在上午 9:00,而冬季 ΔPET_{ave} 及冬、夏两季 ΔT_{ave} 的全天最小值均出现在下午 13:00 或 14:00。

从 ΔPET 的逐时空间比率分布来看,0:00—6:00 及 18:00—23:00 时间段-0.2~0 ℃的 ΔPET 区间呈现不断增加的趋势。9:00 时刻存在 44.5%的区域处于小于-1 ℃的 ΔPET 区间,这也导致了其 ΔPET_{ave} 出现最小值。12:00 与 13:00 时刻全村域均达到了-0.6 ℃以下的 ΔPET ,整体冷却效果较好。

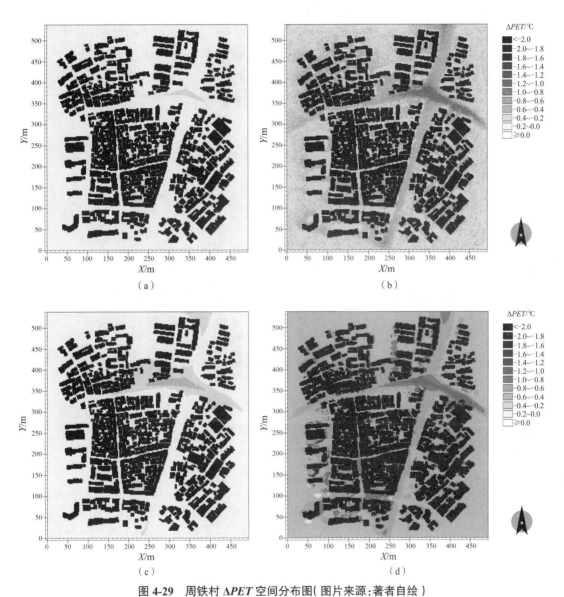

图 4-29　周铁村 Δ*PET* 空间分布图（图片来源：著者自绘）

（a）冬季典型气象日 5:00　（b）冬季典型气象日 15:00　（c）夏季典型气象日 5:00　（d）夏季典型气象日 15:00

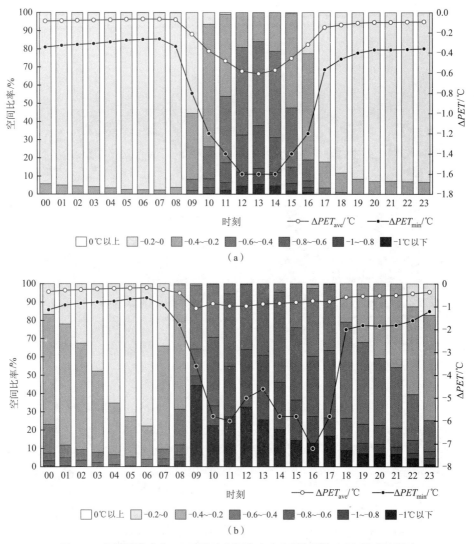

图 4-30　西望村（东）ΔPET 逐时空间比率分布图（图片来源：著者自绘）

（a）冬季典型气象日　（b）夏季典型气象日

图 4-31 为西望村（东）冬季与夏季 5:00（代表夜间）、15:00（代表日间）的 ΔPET 空间分布图。由图可知，对于夜间而言，水体对于 PET 的冷却效果集中于水体存在的区域；对于日间而言，除了水体存在区域，建筑密集区及树木阴影区也存在较强的 PET 冷却效果。这与周铁村的 ΔPET 空间分布具有一致特征，进一步说明建筑密集区及树木阴影区的存在能够加强水体对于 PET 的冷却效果，并且这种现象在太阳辐射较高的夏季日间较为显著。

通过对比周铁村与西望村（东）的水体 PET 冷却值可以发现，周铁村和西望村（东）中的水体在冬季对于 PET 的影响程度与影响趋势较为一致；而在夏季西望村（东）中的水体冷却效果略好于周铁村，且二者呈现不同的逐时变化趋势。对于这两个村镇而言，与水体气温冷却值不同，村镇形态的差异并未给水体 PET 冷却值带来较大影响。

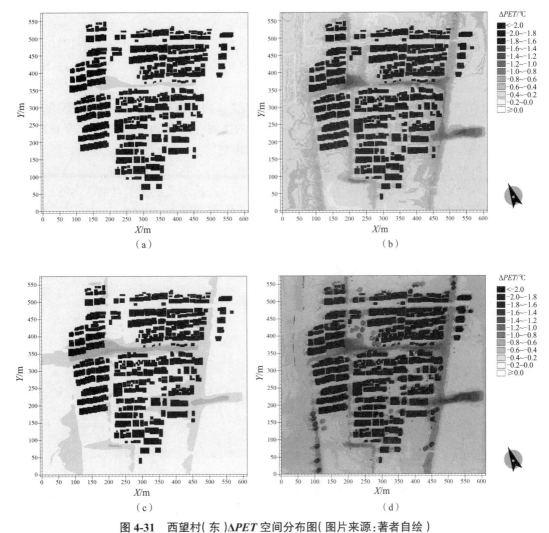

图 4-31 西望村(东)ΔPET 空间分布图(图片来源:著者自绘)

(a)冬季典型气象日 5:00 (b)冬季典型气象日 15:00 (c)夏季典型气象日 5:00 (d)夏季典型气象日 15:00

4.3 水体微气候效应影响要素分析

4.3.1 气象要素对于水体微气候效应的影响分析

由 4.2 节的分析可知,水体空气温度冷却值和 PET 冷却值会随时间而发生显著变化,而时间的不同代表着气象要素的不同,因此本节通过寻找全天不同时刻的气象要素(如空气温度、太阳辐射、相对湿度、风速风向)与水体冷却值的关系,分析边界气象要素对于水体微气候效应的影响。

4.3.1.1　边界空气温度

将周铁村、西望村（东）全天边界空气温度，与ΔT_{ave}、ΔPET_{ave}进行回归分析，以探求空气温度与水体冷却效应在冬、夏两季典型气象日的相关关系，分析结果如图 4-32~图 4-35 所示。

由图可知，在冬、夏两季空气温度对ΔT_{ave}、ΔPET_{ave}均呈负相关关系，即空气温度越高，水体对于周边环境的冷却效应越强。这是由水体的热属性所决定的，在空气温度升高的过程中水体由于比热容较大，其温度上升速度缓于周边空气，从而导致水体对于周边环境的冷却效果不断加大；同时环境气温的升高也会导致水温上升，进而影响水面的蒸发速率。通过对比不同季节的回归分析结果，可以发现空气温度与夏季冷却值的相关性高于冬季，并且在夏季随空气温度的升高而下降的速率高于冬季。此外，由于影响PET的因素除了空气温度外还包括相对湿度、风速、平均辐射温度等，空气温度与ΔT_{ave}的相关性明显高于ΔPET_{ave}。

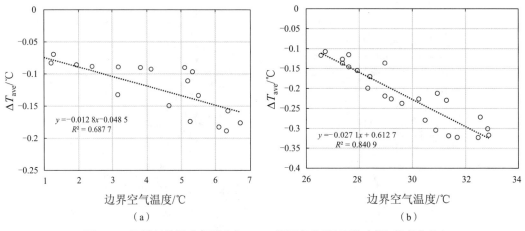

图 4-32　周铁村边界空气温度与ΔT_{ave}的回归分析（图片来源：著者自绘）

（a）冬季典型气象日　　　　　　　　　（b）夏季典型气象日

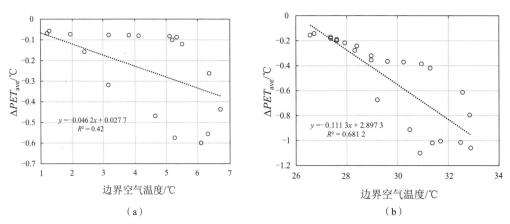

图 4-33　周铁村边界空气温度与ΔPET_{ave}的回归分析（图片来源：著者自绘）

（a）冬季典型气象日　（b）夏季典型气象日

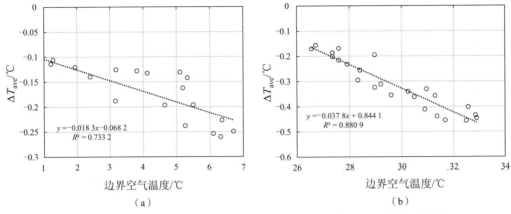

图 4-34　西望村边界空气温度与 ΔT_{ave} 的回归分析（图片来源：著者自绘）
（a）冬季典型气象日　（b）夏季典型气象日

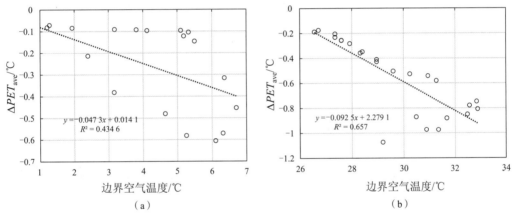

图 4-35　西望村边界空气温度与 ΔPET_{ave} 的回归分析（图片来源：著者自绘）
（a）冬季典型气象日　（b）夏季典型气象日

4.3.1.2　太阳辐射

将周铁村、西望村（东）全天无遮挡处的总太阳辐射值，与 ΔT_{ave}、ΔPET_{ave} 进行回归分析，以探求太阳辐射与水体冷却效应在冬、夏两季典型气象日的相关关系，分析结果如图 4-36~图 4-39 所示。

由图可知，太阳辐射与水体冷却值呈现负相关关系，即太阳辐射值越高，水体的冷却强度越大。这同样是水体特殊的物理特性所决定的，太阳辐射的增强不仅能够使周边环境温度升高，还能够使水面获得蒸发所需的能量，从而影响水体蒸发散热的强度。通过对比不同情况下的回归分析结果，可以发现太阳辐射与冬季水体冷却值的相关性高于夏季，太阳辐射对 ΔPET_{ave} 的影响要大于 ΔT_{ave}，其中冬季太阳辐射与 ΔPET_{ave} 的回归方程的 R^2 值可达 0.9 左右，说明太阳辐射是决定水体对于热舒适影响的重要因素。这也印证了 Fung 等[27]的研究成果：天气状况会对水体冷却效果产生一定的影响，太阳辐射达到一定阈值是实现水体冷却效果的必要条件。

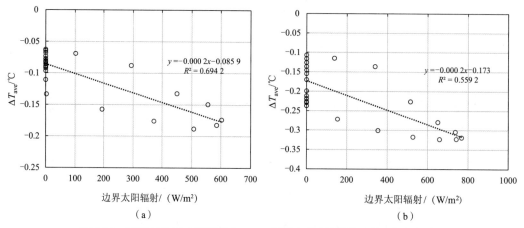

图 4-36　周铁村边界太阳辐射与 ΔT_{ave} 的回归分析（图片来源：著者自绘）
（a）冬季典型气象日　（b）夏季典型气象日

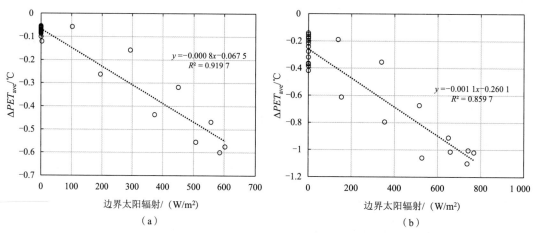

图 4-37　周铁村边界太阳辐射 ΔPET_{ave} 的回归分析（图片来源：著者自绘）
（a）冬季典型气象日　（b）夏季典型气象日

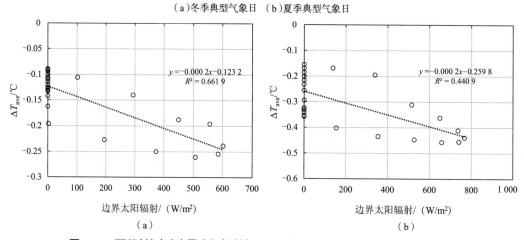

图 4-38　西望村（东）边界太阳辐射与 ΔT_{ave} 的回归分析（图片来源：著者自绘）
（a）冬季典型气象日　（b）夏季典型气象日

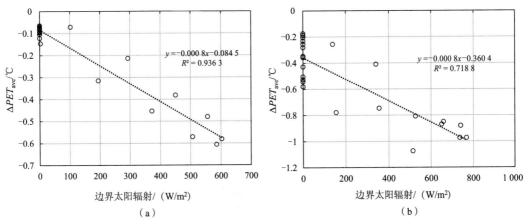

图 4-39 西望村（东）边界太阳辐射与 ΔPET_{ave} 的回归分析（图片来源：著者自绘）

（a）冬季典型气象日 （b）夏季典型气象日

4.3.1.3 相对湿度

将周铁村、西望村（东）全天边界相对湿度，与 ΔT_{ave}、ΔPET_{ave} 进行回归分析，以探求相对湿度与水体冷却效应在冬、夏两季典型气象日的相关关系，分析结果如图 4-40~图 4-43 所示。

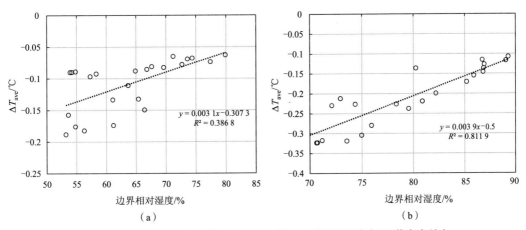

图 4-40 周铁村边界相对湿度与 ΔT_{ave} 的回归分析（图片来源：著者自绘）

（a）冬季典型气象日 （b）夏季典型气象日

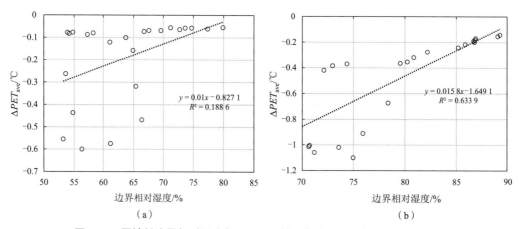

图 4-41　周铁村边界相对湿度与 ΔPET_{ave} 的回归分析（图片来源：著者自绘）

（a）冬季典型气象日　（b）夏季典型气象日

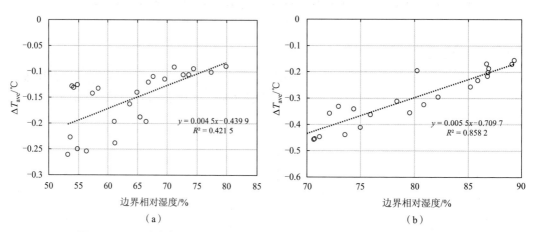

图 4-42　西望村（东）边界相对湿度与 ΔT_{ave} 的回归分析（图片来源：著者自绘）

（a）冬季典型气象日　（b）夏季典型气象日

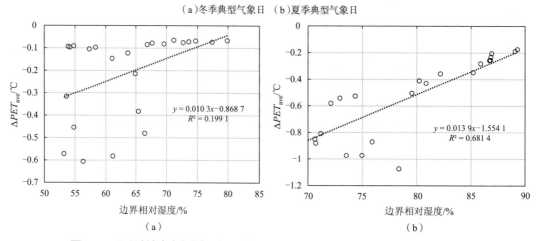

图 4-43　西望村（东）边界相对湿度与 ΔPET_{ave} 的回归分析（图片来源：著者自绘）

（a）冬季典型气象日　（b）夏季典型气象日

由图可知,相对湿度与水体冷却值呈现正相关关系,即相对湿度越高,水体冷却值越大,水体冷却强度越小。水面上方大气的湿度增加会导致水面与大气的水汽压差减小,水分子由水面逸出的速度减慢,水面蒸发量随之减小,从而造成水体蒸发冷却量的下降[109]。观察不同情况下的回归结果可以发现,夏季相对湿度对于水体冷却值的影响明显高于冬季,这是由于在夏季空气温度高、太阳辐射强,水体的蒸发冷却量随之上升,而相对湿度对于水体蒸发量具有较大影响,因此夏季相对湿度成了影响水体冷却值的重要因素。此外,还可以发现,由于影响 PET 的因素除了相对湿度以外还包括空气温度、风速、平均辐射温度等,因此空气温度与 ΔT_{ave} 的相关性略高于 ΔPET_{ave}。

4.3.1.4　风速风向

风速风向在一天内的变化具有不稳定性和不确定性,模拟结果无法对全天风速风向的状况进行精准还原,因此本节只讨论在同一时刻内村镇风速风向分布对于水体冷却值的影响。

为探究同一季节相同时刻的 ΔT 及 ΔPET 分布,以冬、夏两季典型气象日 15:00 的模拟数据为例进行分析。将周铁村、西望村(东)的水体区域设为焦点区域,沿南北方向选取观测线 L1、L3,沿东西方向选取观测线 L2、L4,观测线位置见图 4-16。

图 4-44、图 4-45 给出了周铁村冬、夏两季观测线 L1、L2 上的 ΔT 分布,其中灰底部分为水体焦点区域。由图可知,水体焦点区域存在 ΔT 明显下降的趋势,观测线 L1 上的冬、夏两季冷却强度均大于 L2,其中在夏季 L1 上的增强趋势尤为明显;并且处于上风向的冷却强度和 ΔT 明显下降的范围均小于下风向。由图 4-16 可知,观测线 L1 上的水体与夏季主导风向形成了风速较大的通风廊道,而风速的增大可增强水体的蒸发冷却效应以及水体与周围空气之间的对流换热,导致冷却强度增大;而观测线 L2 上的水体周边建筑密集,且与主导风向的夹角较大,导致水面上空风速较小,冷却强度随之降低。由此可知,风速风向对于水体的冷却效果和范围存在较大影响。

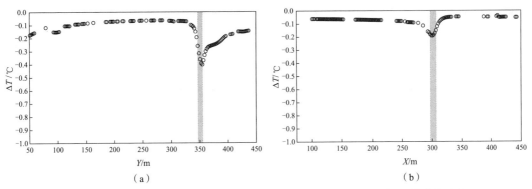

图 4-44　周铁村观测线上冬季典型气象日 15:00ΔT 分布(图片来源:著者自绘)

(a)L1　(b)L2

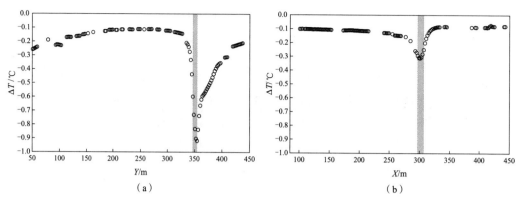

图 4-45　周铁村观测线上夏季典型气象日 15:00ΔT 分布(图片来源：著者自绘)
（a）L1　（b）L2

图 4-46、图 4-47 给出了周铁村冬、夏两季观测线 L1、L2 上的 ΔPET 分布，其中灰底部分为水体焦点区域。由图可知，冬、夏两季 ΔPET 在观测线上的分布在水体区域均存在下降趋势，但并未与风速风向呈现明显的规律性关系。

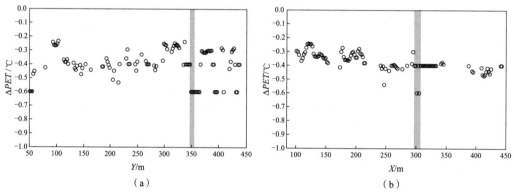

图 4-46　周铁村观测线上冬季典型气象日 15:00ΔPET 分布(图片来源：著者自绘)
（a）L1　（b）L2

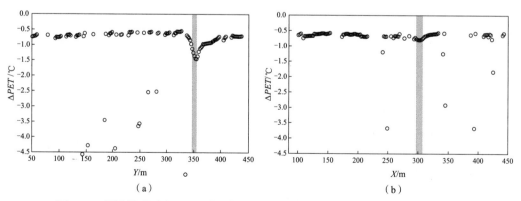

图 4-47　周铁村观测线上夏季典型气象日 15:00ΔPET 分布(图片来源：著者自绘)
（a）L1　（b）L2

　　图 4-48、图 4-49 给出了西望村（东）冬、夏两季观测线 L3、L4 上的 ΔT 分布，其中灰底部分为水体焦点区域。由图可知，观测线 L3 上的冬、夏两季冷却强度均大于 L4，但 L3 观测线上 ΔT 明显下降的区域只集中在水体区域，而 L4 观测线上则分布范围较大。由图 4-19 可知 L3 观测线上的水体与冬、夏两季主导风向形成通畅的风道，加剧了水体的蒸发冷却；同时水体冷却效果在主导风向上也有一定的积聚效应，共同导致了 L3 观测线上冷却强度较大的结果。L4 观测线上的水体走向与冬、夏两季主导风向近似垂直，垂直于水体的空气流动更容易将水体的冷却效果传递给下风向区域，这也导致了 L4 观测线上位于下风向的区域存在较大的冷却范围。

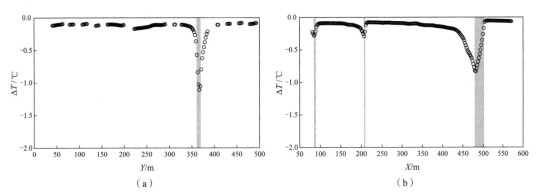

（a）　　　　　　　　　　　　　　　　　（b）

图 4-48　西望村（东）观测线上冬季典型气象日 15:00ΔT 分布（图片来源：著者自绘）

（a）L3　（b）L4

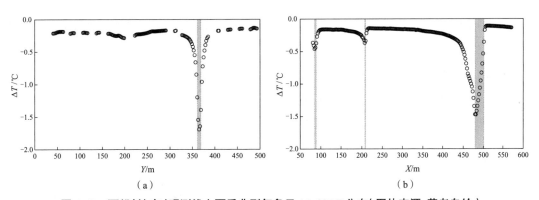

（a）　　　　　　　　　　　　　　　　　（b）

图 4-49　西望村（东）观测线上夏季典型气象日 15:00ΔT 分布（图片来源：著者自绘）

（a）L3　（b）L4

　　图 4-50、图 4-51 给出了西望村（东）冬、夏两季观测线 L3、L4 上的 ΔPET 分布，其中灰底部分为水体焦点区域。由图可知，ΔPET 在观测线上的分布在水体区域存在下降趋势，但其分布特征未与风向风速呈现明显的相关关系。

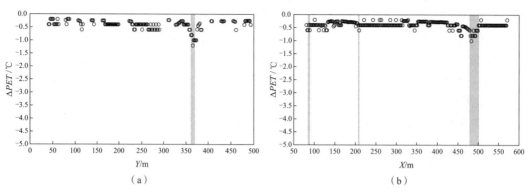

图 4-50　西望村（东）观测线上冬季典型气象日 15:00ΔPET 分布（图片来源：著者自绘）

（a）L3　（b）L4

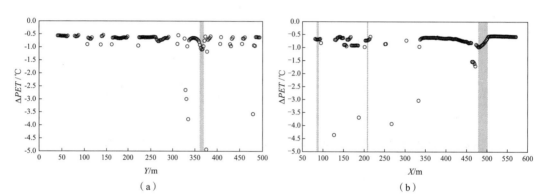

图 4-51　西望村（东）观测线上夏季典型气象日 15:00ΔPET 分布（图片来源：著者自绘）

（a）L3　（b）L4

综上所述，风速风向会对水体的冷却范围和强度产生较大影响，风速的增大会加强这种冷却效应，而风向则会影响冷却效应的空间分布。

4.3.2　村镇形态要素对于水体微气候效应的影响分析

由 4.2 节中的分析可知，水体微气候效应在村镇中呈现出不同的空间分布规律，这种分布规律的产生与村镇形态要素的差异性息息相关。本节采用相关性分析及线性回归分析，探究水体微气候效应与村镇形态要素之间的关联性。其中水体微气候效应量化为水体气温冷却值与 PET 冷却值，村镇形态要素量化为具体的水体、建筑、绿化形态指标。水体气温冷却值与 PET 冷却值的计算方法已在 4.2.1 和 4.2.4 节中给出，形态指标的选取与计算方法如下所示。

4.3.2.1　形态指标计算方法

在以往国内外相关研究中选取的形态因子通常对微气候有明显影响作用，并且易于提取与量化，能够在设计与改造中进行调控。水体自身物理特征（如水体形状、面积、分布等）是影响水体冷却效应的重要因素，能够解释水体冷却程度变化的大部分原因；而水体外部空间与绿化特征同样会对这种冷却效应产生促进或抑制作用。

本书中选取的村镇形态要素指标如下[110]。①水体形态指标,包括水体率、水体距离。其中,水体率为研究范围内水体面积与研究范围面积的比值;水体距离为测点与水体边界的最近距离。②绿化形态指标,由绿化率表示,是指研究范围内公共绿化面积与研究范围面积的比值。③建筑空间形态指标,包括容积率、建筑密度、总墙体面积、平均建筑高度、建筑高度离散度和天空开阔度。其中,容积率为研究范围内的总建筑面积与研究范围面积的比值;建筑密度为研究范围内的总建筑基底面积与研究范围面积的比值;总墙体面积为研究范围内建筑墙体面积的总和;平均建筑高度为研究范围内所有单体建筑高度的平均值;建筑高度离散度为研究范围内建筑高度的标准差;天空开阔度为室外空间中未被遮挡的天空区域与半球天空面的比值。

本书主要通过地理信息系统(GIS)对各类指标进行提取,数据来源为村镇卫星图与CAD总平面图。使用ArcGIS中的缓冲区分析模块,在每个测点周围以150 m、100 m、50 m、40 m、30 m、20 m、10 m半径创建缓冲区,将缓冲区图层与村镇建筑、水体、绿化信息图层进行连接和相交处理,通过计算平均值、总和、方差的方式得出各类指标。适用此方法的指标包括水体率、容积率、建筑密度、总墙体面积、平均建筑高度、建筑高度离散度。测点的水体距离以及天空开阔度未受到计算范围的影响,因此进行单独计算。水体距离采用Arc-GIS中的近邻分析工具,统计每一测点距离水体边界的最近距离。天空开阔度为ENVI-met内置模型的计算结果,考虑了建筑与植被的影响。

4.3.2.2 回归模型建立方法

为保证数据量的全面性同时减少冗余,在研究范围内每隔20 m选取模拟数据测点,使所取数据涵盖不同的水体、绿化与建筑形态类型,同时又避免产生由于数据量过大而导致模型过拟合的情况。在周铁村研究范围内共取得360个测点,在西望村(东)研究范围内共取得510个测点,进行水体冷却值计算与村镇形态要素指标计算。

由于不同季节、不同时刻村镇形态要素对于水体微气候效应的影响会产生差异性,因此将测点的水体冷却值数据划分为冬季日间(8:00—17:00)、冬季夜间(17:00—8:00)、夏季日间(7:00—18:00)、夏季夜间(18:00—7:00),分别计算平均气温冷却值与平均PET冷却值。

在建立村镇形态要素指标与水体冷却值的线性回归模型的过程中,首先采用相关性分析方法对形态参数进行敏感性分析,以显著性检验p值和皮尔逊相关系数为判断依据,分析各项影响因子对水体冷却值变化的显著性和重要性。依据敏感性分析结果剔除不显著相关的变量,再对存在严重共线性的指标进行剔除与精简,将剩余变量通过逐步回归的方法进行多元回归分析,从而建立了一个包含不同类型形态指标的精简模型,以便在保留关键自变量的同时保持对因变量的最高解释力度。

4.3.2.3 村镇形态要素对于气温冷却值的影响分析

1. 指标相关性分析

表4-11给出了周铁村不同计算半径 r 时水体率指标与平均气温冷却值的相关系数,表明平均气温冷却值与水体率呈负相关关系,相关系数为-0.389~-0.722。表4-12给出了周铁村水体距离指标与平均冷却值的相关系数,表明平均气温冷却值与水体距离呈正相关关系,

与 ΔT_{wd}、ΔT_{wn}、ΔT_{sd}、ΔT_{sn} 的相关系数分别为 0.435、0.379、0.468、0.421。由此,可认为这 2 个指标是影响水体气温冷却值的重要指标。对于不同分类的平均气温冷却值而言,夏季的相关性高于冬季,日间的相关性高于夜间。ΔT_{wd}、ΔT_{sd}、ΔT_{sn} 与 r=20 m 时的水体率相关性最高,ΔT_{wn} 与 r=30 m 时的水体率相关性最高。

表 4-11　周铁村不同计算半径时水体率指标与平均气温冷却值的相关系数

r/m	ΔT_{wd}	ΔT_{wn}	ΔT_{sd}	ΔT_{sn}
150	−0.465**	−0.434**	−0.438**	−0.389**
100	−0.528**	−0.485**	−0.508**	−0.450**
50	−0.648**	−0.578**	−0.644**	−0.568**
40	−0.677**	−0.595**	−0.679**	−0.595**
30	−0.695**	−0.600**	−0.706**	−0.612**
20	−0.696**	−0.586**	−0.722**	−0.615**
10	−0.648**	−0.528**	−0.683**	−0.571**

注:**表示 $p<0.01$。

表 4-12　周铁村水体距离指标与平均气温冷却值的相关系数

平均冷却值	ΔT_{wd}	ΔT_{wn}	ΔT_{sd}	ΔT_{sn}
相关系数	0.435**	0.379**	0.468**	0.421**

注:**表示 $p<0.01$。

表 4-13 给出了周铁村不同计算半径 r 时绿化率指标与平均气温冷却值的相关系数统计。由表可知,平均气温冷却值与 $r>20$ m 时的绿化率指标存在明显的负相关关系。其中,夏季的相关性高于冬季,日间和夜间的相关性差异较小,且 ΔT_{wd}、ΔT_{wn}、ΔT_{sd}、ΔT_{sn} 均与 r=150 m 时的绿化率相关性最高。

表 4-13　周铁村不同计算半径时绿化率指标与平均气温冷却值的相关系数统计

r/m	ΔT_{wd}	ΔT_{wn}	ΔT_{sd}	ΔT_{sn}
150	−0.488**	−0.487**	−0.500**	−0.493**
100	−0.370**	−0.411**	−0.371**	−0.398**
50	−0.259**	−0.311**	−0.260**	−0.298**
40	−0.247**	−0.297**	−0.247**	−0.285**
30	−0.197**	−0.250**	−0.197**	−0.237**
20	−0.120*	−0.176**	−0.118*	−0.162**
10	−0.034	−0.084	−0.029	−0.074

注:**表示 $p<0.01$,*表示 $p<0.05$。

表 4-14 给出了周铁村不同计算半径 r 时建筑指标与平均气温冷却值的相关系数统计。由表可知，平均气温冷却值与所有计算半径时的容积率、建筑密度、总墙体面积均呈现显著的正相关关系，与 $r=150$ m、$r=10$ m 时的建筑高度离散度呈正相关，与 $r=150$ m、$r=100$ m、$r=50$ m、$r=40$ m、$r=30$ m、$r=10$ m 时的平均建筑高度呈负相关。见表 4-15，平均气温冷却值与 SVF 呈较强的负相关关系，与 ΔT_{wd}、ΔT_{wn}、ΔT_{sd}、ΔT_{sn} 的相关系数分别为-0.520、-0.458、-0.533、-0.480。对于不同分类的平均气温冷却值而言，每个建筑指标的最大相关半径 r 不尽相同。以 ΔT_{wd} 为例，$r=30$ m 时的容积率、建筑密度、总墙体面积，$r=10$ m 时的平均建筑高度，$r=10$ m 时的高度离散度以及 SVF 与 ΔT_{wd} 的相关性较强。

表 4-14　周铁村不同计算半径时建筑指标与平均气温冷却值的相关系数统计

建筑指标	平均冷却值	$r=150$ m	$r=100$ m	$r=50$ m	$r=40$ m	$r=30$ m	$r=20$ m	$r=10$ m
容积率	ΔT_{wd}	0.317**	0.431**	0.481**	0.494**	0.495**	0.495**	0.381**
	ΔT_{wn}	0.316**	0.419**	0.440**	0.447**	0.437**	0.437**	0.321**
	ΔT_{sd}	0.304**	0.418**	0.494**	0.511**	0.524**	0.524**	0.413**
	ΔT_{sn}	0.287**	0.392**	0.454**	0.467**	0.472**	0.472**	0.361**
建筑密度	ΔT_{wd}	0.276**	0.454**	0.563**	0.581**	0.584**	0.562**	0.449**
	ΔT_{wn}	0.284**	0.466**	0.549**	0.560**	0.551**	0.517**	0.399**
	ΔT_{sd}	0.238**	0.417**	0.562**	0.588**	0.604**	0.586**	0.474**
	ΔT_{sn}	0.226**	0.411**	0.545**	0.566**	0.573**	0.545**	0.431**
总墙体面积	ΔT_{wd}	0.215**	0.349**	0.422**	0.444**	0.448**	0.443**	0.409**
	ΔT_{wn}	0.218**	0.357**	0.408**	0.420**	0.412**	0.387**	0.343**
	ΔT_{sd}	0.158**	0.303**	0.412**	0.439**	0.462**	0.474**	0.449**
	ΔT_{sn}	0.140**	0.288**	0.385**	0.404**	0.419**	0.425**	0.395**
平均建筑高度	ΔT_{wd}	-0.226**	-0.242**	-0.285**	-0.275**	-0.243**	-0.092	0.376**
	ΔT_{wn}	-0.285**	-0.325**	-0.368**	-0.351**	-0.315**	-0.163**	0.232**
	ΔT_{sd}	-0.216**	-0.216**	-0.269**	-0.265**	-0.208**	-0.046	0.374**
	ΔT_{sn}	-0.270**	-0.293**	-0.344**	-0.333**	-0.268**	-0.102	0.315**
建筑高度离散度	ΔT_{wd}	0.234**	0.036	-0.067	-0.085	-0.013	0.121*	0.315**
	ΔT_{wn}	0.223**	0.002	-0.087	-0.097	-0.032	0.090	0.284**
	ΔT_{sd}	0.248**	0.054	-0.108*	-0.131*	-0.057	0.104*	0.309**
	ΔT_{sn}	0.228**	0.024	-0.135*	-0.147**	-0.074	0.082	0.277**

注: **表示 $p<0.01$, *表示 $p<0.05$。

表 4-15　周铁村 *SVF* 与平均气温冷却值的相关系数

平均冷却值	ΔT_{wd}	ΔT_{wn}	ΔT_{sd}	ΔT_{sn}
相关系数	-0.520**	-0.458**	-0.533**	-0.480**

注:**表示 $p<0.01$。

表 4-16 给出了西望村(东)不同计算半径 r 时水体率指标与平均气温冷却值的相关系数,表明平均冷却值与水体率呈负相关关系,相关系数为-0.147~-0.616。ΔT_{wd}、ΔT_{wn} 与 $r=20$ m 时的水体率相关性最高,ΔT_{sd}、ΔT_{sn} 与 $r=10$ m 时的水体率相关性最高。表 4-17 给出了水体距离指标与平均气温冷却值的相关系数,表明平均气温冷却值与水体距离呈正相关关系,但这种相关关系弱于水体率指标。整体来看,西望村(东)中平均气温冷却值与水体指标的相关性弱于周铁村。

表 4-16　西望村(东)不同计算半径时水体率指标与平均气温冷却值的相关系数

r/m	ΔT_{wd}	ΔT_{wn}	ΔT_{sd}	ΔT_{sn}
150	-0.237**	-0.147**	-0.219**	-0.127**
100	-0.358**	-0.258**	-0.346**	-0.246**
50	-0.537**	-0.438**	-0.522**	-0.420**
40	-0.574**	-0.477**	-0.558**	-0.458**
30	-0.607**	-0.511**	-0.592**	-0.491**
20	-0.611**	-0.520**	-0.606**	-0.507**
10	-0.595**	-0.505**	-0.616**	-0.520**
5	-0.565**	-0.480**	-0.593**	-0.501**

注:**表示 $p<0.01$。

表 4-17　西望村(东)水体距离指标与平均气温冷却值的相关系数

平均冷却值	ΔT_{wd}	ΔT_{wn}	ΔT_{sd}	ΔT_{sn}
相关系数	0.426**	0.357**	0.430**	0.367**

注:**表示 $p<0.01$。

表 4-18 给出了西望村(东)不同计算半径 r 时绿化率指标与平均气温冷却值的相关系数统计。由表可知,平均气温冷却值与 $r \leqslant 20$ m 时的绿化率指标存在明显的正相关关系,相关系数随计算半径的增加呈现先减小后增大的趋势。与周铁村相反,在西望村(东)冬季绿化率指标与平均气温冷却值的相关性高于夏季,夜间的相关性高于日间。ΔT_{wd} 与 $r=10$ m 时的绿化率相关性最高,ΔT_{wn}、ΔT_{sn} 与 $r=150$ m 时的绿化率相关性最高,ΔT_{sd} 与 $r=5$ m 时的绿化率相关性最高。

表 4-18　西望村（东）不同计算半径时绿化率指标与平均气温冷却值的相关系数统计

r/m	ΔT_{wd}	ΔT_{wn}	ΔT_{sd}	ΔT_{sn}
150	0.122**	0.267**	0.096*	0.209**
100	0.095*	0.229**	0.067	0.172**
50	0.097*	0.204**	0.074	0.162**
40	0.108*	0.207**	0.085	0.167**
30	0.122**	0.213**	0.100*	0.173**
20	0.134**	0.214**	0.115**	0.175**
10	0.145**	0.210**	0.135**	0.181**
5	0.143**	0.201**	0.138**	0.175**

注：**表示 $p<0.01$，*表示 $p<0.05$。

表 4-19 给出了西望村（东）不同计算半径 r 时建筑指标与平均气温冷却值的相关系数统计。由表可知，平均气温冷却值与不同计算半径的建筑指标呈现不同的相关关系。其中建筑容量指标，如容积率、建筑密度、总墙体面积在 $r \geqslant 30$ m 时与平均气温冷却值存在负相关关系，随着 r 不断减小，上述指标与平均气温冷却值的正相关性逐渐增强。不同计算半径的平均建筑高度指标与平均气温冷却值的相关性较为复杂，不存在明显的规律性。见表 4-20，SVF 与日间平均气温冷却值呈负相关关系，而与夜间平均气温冷却值的相关关系较弱。

总体来看，西望村（东）中建筑指标与平均气温冷却值的相关性弱于周铁村。究其原因，是由于西望村（东）的建筑密度较小，其对于空气流动的阻碍作用也较小，而建筑形态通常是通过影响风速进而影响水体冷却值的分布，因此西望村（东）中建筑指标对于水体气温冷却值的影响明显减弱。

2. 多元回归模型建立

周铁村的水体气温冷却值多元线性回归结果如式（4-10）、（4-11）、（4-12）、（4-13）所示。

$$\Delta T_{wd} = -0.470W_{20} - 0.448G_{150} + 0.120B_{50} - 0.058H_{50} + 0.219 \tag{4-10}$$

$$\Delta T_{wn} = -0.187W_{20} - 0.279G_{150} + 0.087B_{50} - 0.038H_{50} + 0.304 \tag{4-11}$$

$$\Delta T_{sd} = -0.871W_{20} - 0.911G_{150} + 0.195B_{40} - 0.083H_{40} + 0.304 \tag{4-12}$$

$$\Delta T_{sn} = -0.403W_{20} - 0.570G_{150} + 0.142B_{50} - 0.070H_{50} + 0.246 \tag{4-13}$$

式中：W_{20}——$r=20$ m 时的水体率；

　　　G_{150}——$r=150$ m 时的绿化率；

　　　B_{50}、B_{40}——$r=50$ m、$r=40$ m 时的建筑密度；

　　　H_{50}、H_{40}——$r=50$ m、$r=40$ m 时的平均建筑高度。

表 4-19　西望村(东)不同计算半径时建筑指标与平均气温冷却值的相关系数统计

建筑指标	平均冷却值	r=150 m	r=100 m	r=50 m	r=40 m	r=30 m	r=20 m	r=10 m	r=5 m
容积率	ΔT_{wd}	-0.109*	-0.037	0.075	0.104*	0.149**	0.164**	0.191**	0.176**
	ΔT_{wn}	-0.262**	-0.186**	-0.059	-0.024	0.029	0.050	0.092*	0.107*
	ΔT_{sd}	-0.088*	-0.009	0.088*	.116**	0.160**	0.174**	0.198**	0.183**
	ΔT_{sn}	-0.203**	-0.124**	-0.028	0.006	0.054	0.076	0.121**	0.131**
建筑密度	ΔT_{wd}	-0.114**	-0.044	0.080	0.113*	0.159**	0.178**	0.204**	0.184**
	ΔT_{wn}	-0.268**	-0.195**	-0.051	-0.012	0.043	0.068	0.111*	0.118*
	ΔT_{sd}	-0.093*	-0.016	0.095*	0.127**	0.174**	0.191**	0.215**	0.193**
	ΔT_{sn}	-0.208**	-0.134**	-0.017	0.021	0.074	0.098*	0.144**	0.144**
总墙体面积	ΔT_{wd}	-0.115**	-0.063	0.052	0.069	0.113*	0.141**	0.162**	0.144**
	ΔT_{wn}	-0.265**	-0.212**	-0.085	-0.059	-0.004	0.034	0.066	0.056
	ΔT_{sd}	-0.095*	-0.037	0.067	0.080	0.125**	0.156**	0.166**	0.151**
	ΔT_{sn}	-0.209**	-0.152**	-0.048	-0.029	0.026	0.062	0.084	0.084
平均建筑高度	ΔT_{wd}	0.163**	-0.032	-0.064	-0.091*	-0.072	-0.038	0.078	0.157**
	ΔT_{wn}	0.232**	-0.057	-0.134**	-0.168**	-0.152**	-0.125**	-0.039	0.059
	ΔT_{sd}	0.143**	-0.012	-0.049	-0.070	-0.053	-0.027	0.081	0.159**
	ΔT_{sn}	0.208**	-0.036	-0.108*	-0.135**	-0.122**	-0.110*	-0.020	0.083
建筑高度离散度	ΔT_{wd}	-0.125**	-0.141**	-0.061	-0.079	-0.037	0.035	0.158**	0.124**
	ΔT_{wn}	-0.168**	-0.192**	-0.144**	-0.166**	-0.127**	-0.052	0.088	0.086
	ΔT_{sd}	-0.113*	-0.106*	-0.032	-0.060	-0.026	0.039	0.162**	0.136**
	ΔT_{sn}	-0.152**	-0.152**	-0.097*	-0.129**	-0.100*	-0.030	0.109*	0.116**

注:**表示 $p<0.01$,*表示 $p<0.05$。

表 4-20　西望村(东)SVF 与平均气温冷却值的相关系数

平均冷却值	ΔT_{wd}	ΔT_{wn}	ΔT_{sd}	ΔT_{sn}
相关系数	-0.170**	-0.048	-0.192**	-0.096*

注:**表示 $p<0.01$,*表示 $p<0.05$。

　　表 4-21 给出了周铁村多元线性回归模型的各项参数。由表可知,各个自变量在 t 检验中的 p 值均小于 0.05,表明模型的回归系数均具有显著性;共线性检验中的方差膨胀系数 V 均小于 5,表明模型不存在多重共线性问题;在模型方差检验中的 p 值均小于 0.01,表明该模型具有极显著的统计学意义。由各个模型的 R^2 可知,各项形态要素对 ΔT_{wd}、ΔT_{wn}、ΔT_{sd}、ΔT_{sn} 的解释度分别为 59.7%、52.1%、62.2%、53.6%,其中 ΔT_{sd} 的模型拟合度最高。

　　通过对比各个模型的标准化回归系数可以发现,各个因素对气温冷却值的影响程度由大到小依次为水体率、平均建筑高度、绿化率、建筑密度。随着水体率、平均建筑高度、绿化率的增大以及建筑密度的减小,平均气温冷却值不断减小,水体冷却强度不断增大。对于不同季节、不同时刻的回归结果而言,水体率对于日间气温冷却值的影响程度大于夜间,对于夏季气温冷却值的影响程度大于冬季。

表 4-21　周铁村形态要素与水体气温冷却值多元回归模型综合分析

因变量	自变量	未标准化系数	标准化系数	t检验p值	方差膨胀系数V	方差检验量F	方差检验p值	R^2
ΔT_{wd}	W_{20}	−0.470	−0.595	0.000	1.749	131.263	0.000	0.597
	G_{150}	−0.448	−0.115	0.005	1.436			
	B_{50}	0.120	0.105	0.020	1.758			
	H_{50}	−0.058	−0.237	0.000	1.267			
ΔT_{wn}	W_{20}	−0.187	−0.453	0.000	1.749	96.482	0.000	0.521
	G_{150}	−0.279	−0.137	0.002	1.436			
	B_{50}	0.087	0.145	0.003	1.758			
	H_{50}	−0.038	−0.297	0.000	1.267			
ΔT_{sd}	W_{20}	−0.871	−0.608	0.000	1.899	146.028	0.000	0.622
	G_{150}	−0.911	−0.129	0.001	1.426			
	B_{40}	0.195	0.104	0.020	1.852			
	H_{40}	−0.083	−0.216	0.000	1.248			
ΔT_{sn}	W_{20}	−0.403	−0.495	0.000	1.749	102.604	0.000	0.536
	G_{150}	−0.570	−0.142	0.001	1.436			
	B_{50}	0.142	0.120	0.013	1.758			
	H_{50}	−0.070	−0.280	0.000	1.267			

注:方差膨胀系数V为衡量多元线性回归模型中多重共线性严重程度的变量;方差检验量F为方差齐性检验中的统计量值。

西望村(东)的水体气温冷却值多元线性回归结果如式(4-14)、(4-15)、(4-16)、(4-17)所示。

$$\Delta T_{wd} = -0.572W_{20} - 0.207G_{50} + 0.057D_{50} - 2.253\times10^{-6}A_{150} - 0.273S + 0.002 \quad (4\text{-}14)$$

$$\Delta T_{wn} = -0.230W_{20} + 0.102G_{50} + 0.031D_{50} - 2.082\times10^{-6}A_{150} - 0.146S + 0.014 \quad (4\text{-}15)$$

$$\Delta T_{sd} = -0.837W_{10} + 0.378G_{40} + 0.116D_{50} - 5.011\times10^{-6}A_{150} - 0.633S + 0.093 \quad (4\text{-}16)$$

$$\Delta T_{sn} = -0.356W_{10} + 0.239G_{40} + 0.069D_{50} - 4.275\times10^{-6}A_{150} - 0.403S + 0.046 \quad (4\text{-}17)$$

式中:W_{20}、W_{10}——r=20 m、r=10 m 时的水体率;

G_{50}、G_{40}——r=50 m、r=40 m 时的绿化率;

A_{150}——r=150 m 时的总墙体面积;

D_{50}——r=50 m 时的建筑高度离散度;

S——天空开阔度。

表 4-22 给出了西望村(东)多元线性回归模型的各项参数。由表可知,各个自变量在 t

检验中的 p 值均小于 0.05,共线性检验中的方差膨胀系数 V 均小于 5,在模型方差检验中的 p 值均小于 0.01,表明该模型具有极显著的统计学意义。由各个模型的 R^2 可知,各项形态要素对 ΔT_{wd}、ΔT_{wn}、ΔT_{sd}、ΔT_{sn} 的解释度分别为 41.7%、37.7%、42.7%、36.3%,其中 ΔT_{sd} 的模型拟合度最高。

表 4-22　西望村(东)形态要素与水体气温冷却值多元回归模型综合分析

因变量	自变量	未标准化系数	标准化系数	t 检验 p 值	方差膨胀系数 V	方差检验量 F	方差检验 p 值	R^2
ΔT_{wd}	W_{20}	-0.572	-0.532	0.000	1.437	71.998	0.000	0.417
	G_{50}	-0.207	0.307	0.000	4.963			
	D_{50}	0.057	0.174	0.001	2.286			
	A_{150}	-2.253E-6	-0.200	0.001	2.834			
	S	-0.273	-0.293	0.000	4.397			
ΔT_{wn}	W_{20}	-0.230	-0.435	0.000	1.437	61.093	0.000	0.377
	G_{50}	0.102	0.309	0.000	4.963			
	D_{50}	0.031	0.190	0.000	2.286			
	A_{150}	-2.082E-6	-0.377	0.000	2.834			
	S	-0.146	-0.318	0.000	4.397			
ΔT_{sd}	W_{10}	-0.837	-0.514	0.000	1.438	75.132	0.000	0.427
	G_{40}	0.378	0.309	0.000	4.843			
	D_{50}	0.116	0.184	0.000	2.205			
	A_{150}	-5.011E-6	-0.232	0.000	2.711			
	S	-0.633	-0.354	0.000	4.458			
ΔT_{sn}	W_{10}	-0.356	-0.400	0.000	1.438	57.383	0.000	0.363
	G_{40}	0.239	0.357	0.000	4.843			
	D_{50}	0.069	0.200	0.000	2.205			
	A_{150}	-4.275E-6	-0.362	0.000	2.711			
	S	-0.403	-0.411	0.000	4.458			

注:方差膨胀系数 V 为衡量多元线性回归模型中多重共线性严重程度的变量;方差检验量 F 为方差齐性检验中的统计量值。

　　通过对比各个模型的标准化回归系数可以发现,除水体率外,SVF、绿化率、总墙体面积对气温冷却值的影响较大。天空开阔度和总墙体面积增大,会导致气温冷却值减小,冷却强度增大。绿化率和建筑高度离散度增大,会造成气温冷却值增大,冷却强度减小。

　　对于不同季节、不同时刻的回归结果而言,水体率对于日间气温冷却值的影响程度大于夜间,对于冬季气温冷却值的影响程度大于夏季。

　　从水体指标来看,在周铁村与西望村(东)中水体率的增加和水体距离的减小均导致冷却强度的增大,但是由于西望村(东)的水体分布较为复杂,水体率与水体距离并不能很好地解释水体气温冷却值的变化,导致水体指标与冷却值的相关性较弱。

从绿化指标来看,周铁村的绿化指标与冷却值呈明显的负相关关系,在西望村(东)中转变为较弱的正相关关系。这是由于西望村(东)周边存在大量农田,而处于上风向的农田空间对应的气温冷却值接近于 0 ℃,因此导致了数据分析中绿化率较大而冷却强度较小的结果。周铁村中的绿化空间通常对应着开敞空间,而开敞空间中不存在建筑对风产生阻挡作用,因而导致水体的冷却效果能在该区域中较好地扩展。与此同时,蓝绿空间的冷却效果往往会超过单独存在的植被或水体,这种绿化与水体产生的协同冷却效应也可能导致水体冷却效果的增强[46]。

从建筑指标来看,周铁村与西望村(东)的回归分析结果都证明建筑容量指标中的容积率、建筑密度与气温冷却值呈正相关关系。这是由于建筑形态要素往往通过对风速的影响,间接作用于水体冷却效应。宋晓程等[43]指出,容积率较低且中部存在宽敞通风廊道的滨水布局通常更利于水体对建成区域的温度调节。因此建筑物的存在会减弱风速,从而削减水体的冷却效果。其次,在建筑较为密集的区域,大量的建筑阴影已提供了较强的冷却效果,水体的冷却效果随之被削减。建筑竖向指标中的平均高度、高度离散度与冷却值呈负相关,说明平均高度越高,高度离散度越大,冷却值越小,冷却强度越大。这是因为在建筑容量相同的区域,建筑高度和高度离散度的增大往往导致空气流动加速,从而影响水体的冷却效果。

4.3.2.4　村镇形态要素对于 PET 冷却值的影响分析

1. 指标相关性分析

表 4-23 给出了周铁村不同计算半径 r 时水体率指标与平均 PET 冷却值的相关系数,表明平均 PET 冷却值与水体率呈负相关关系,相关系数为 $-0.283 \sim -0.637$。表 4-24 给出了水体距离指标与平均 PET 冷却值的相关系数,表明平均 PET 冷却值与水体距离呈正相关关系,相关系数为 $0.273 \sim 0.406$。对于不同时间的平均 PET 冷却值而言,冬季的相关性高于夏季,冬季日间的相关性高于夜间,夏季日间的相关性低于夜间。ΔPET_{wd}、ΔPET_{sd}、ΔPET_{sn} 与 $r=20$ m 时的水体率相关性最高,ΔPET_{wn} 与 $r=30$ m 时的水体率相关性最高。

表 4-23　周铁村不同计算半径时水体率指标与平均 PET 冷却值的相关系数

r/m	ΔPET_{wd}	ΔPET_{wn}	ΔPET_{sd}	ΔPET_{sn}
150	-0.373^{**}	-0.402^{**}	-0.283^{**}	-0.370^{**}
100	-0.418^{**}	-0.449^{**}	-0.300^{**}	-0.427^{**}
50	-0.532^{**}	-0.538^{**}	-0.364^{**}	-0.539^{**}
40	-0.568^{**}	-0.561^{**}	-0.382^{**}	-0.568^{**}
30	-0.608^{**}	-0.575^{**}	-0.402^{**}	-0.593^{**}
20	-0.637^{**}	-0.574^{**}	-0.427^{**}	-0.610^{**}
10	-0.613^{**}	-0.528^{**}	-0.421^{**}	-0.581^{**}
5	-0.580^{**}	-0.495^{**}	-0.400^{**}	-0.538^{**}

注:**表示 $p<0.01$。

表 4-24　周铁村水体距离指标与平均 *PET* 冷却值的相关系数

平均冷却值	ΔPET_{wd}	ΔPET_{wn}	ΔPET_{sd}	ΔPET_{sn}
相关系数	0.345**	0.335**	0.273**	0.406**

注:**表示 $p<0.01$。

　　表 4-25 给出了周铁村不同计算半径 *r* 时绿化率指标与平均 *PET* 冷却值的相关系数统计。由表可知,平均 *PET* 冷却值与 $r>40$ m 时的绿化率指标存在负相关关系。其中,冬季的相关性高于夏季,夜间的相关性高于日间,并且 ΔPET_{wd}、ΔPET_{wn}、ΔPET_{sd}、ΔPET_{sn} 均与 $r=150$ m 时的绿化率相关性最高。

表 4-25　周铁村不同计算半径时绿化率指标与平均 *PET* 冷却值的相关系数统计

r/m	ΔPET_{wd}	ΔPET_{wn}	ΔPET_{sd}	ΔPET_{sn}
150	−0.384**	−0.453**	−0.230**	−0.453**
100	−0.287**	−0.380**	−0.143**	−0.363**
50	−0.198**	−0.291**	−0.118*	−0.266**
40	−0.189**	−0.276**	−0.126*	−0.254**
30	−0.139**	−0.230**	−0.089	−0.208**
20	−0.064	−0.159**	−0.003	−0.136*
10	0.037	−0.069	0.066	−0.057
5	0.085	−0.010	0.086	−0.002

注:**表示 $p<0.01$,*表示 $p<0.05$。

　　表 4-26 给出了周铁村不同计算半径 *r* 时建筑指标与平均 *PET* 冷却值的相关系数统计。表 4-27 给出了 *SVF* 与平均 *PET* 冷却值的相关系数统计。由表可知,平均 *PET* 冷却值与建筑容量指标(如容积率、建筑密度、总墙体面积)呈正相关关系,与 $r\geqslant30$ m 时的平均建筑高度指标呈负相关关系,与 $r=150$ m 或 10 m 时的建筑高度离散度指标呈正相关关系,与 *SVF* 呈较强的负相关关系。对于不同分类的平均冷却值而言,每个建筑指标的最大相关半径 *r* 不尽相同。以 ΔPET_{wd} 为例,$r=20$ m 时的容积率、建筑密度、总墙体面积,$r=10$ m 时的平均建筑高度,$r=10$ m 时的高度离散度与 ΔPET_{wd} 的相关性较强。

　　表 4-28 给出了西望村(东)不同计算半径 *r* 时水体率指标与 *PET* 平均冷却值的相关系数,表明平均 *PET* 冷却值与水体率呈负相关关系。ΔPET_{wd}、ΔPET_{wn} 与 $r=20$ m 时的水体率相关性最高,ΔPET_{sd}、ΔPET_{sn} 与 $r=10$ m 时的水体率相关性最高。表 4-29 给出了水体距离指标与平均 *PET* 冷却值的相关系数,表明平均 *PET* 冷却值与水体距离呈正相关关系。对于不同时间的平均 *PET* 冷却值而言,水体指标在冬季的相关性高于夏季,在冬季日间的相关性高于夜间,在夏季日间的相关性低于夜间。

表 4-26 周铁村不同计算半径时建筑指标与平均 *PET* 冷却值的相关系数统计

建筑指标	平均冷却值	r=150 m	r=100 m	r=50 m	r=40 m	r=30 m	r=20 m	r=10 m	r=5 m
容积率	ΔPET_{wd}	0.270**	0.337**	0.376**	0.400**	0.420**	0.423**	0.303**	0.202**
	ΔPET_{wn}	0.296**	0.381**	0.395**	0.404**	0.403**	0.385**	0.319**	0.205**
	ΔPET_{sd}	0.181**	0.215**	0.236**	0.255**	0.261**	0.215**	0.113*	-0.024
	ΔPET_{sn}	0.259**	0.352**	0.409**	0.424**	0.438**	0.423**	0.351**	0.229**
建筑密度	ΔPET_{wd}	0.216**	0.341**	0.429**	0.453**	0.466**	0.466**	0.352**	0.250**
	ΔPET_{wn}	0.277**	0.437**	0.507**	0.520**	0.519**	0.498**	0.403**	0.267**
	ΔPET_{sd}	0.119*	0.181**	0.247**	0.273**	0.276**	0.224**	0.101	-0.048
	ΔPET_{sn}	0.209**	0.373**	0.492**	0.516**	0.533**	0.520**	0.426**	0.282**
总墙体面积	ΔPET_{wd}	0.190**	0.287**	0.336**	0.358**	0.370**	0.398**	0.380**	0.233**
	ΔPET_{wn}	0.217**	0.338**	0.381**	0.395**	0.384**	0.361**	0.317**	0.213**
	ΔPET_{sd}	0.088	0.151**	0.194**	0.226**	0.235**	0.239**	0.218**	0.131*
	ΔPET_{sn}	0.122*	0.259**	0.354**	0.373**	0.394**	0.403**	0.371**	0.259**
平均建筑高度	ΔPET_{wd}	-0.077	-0.125*	-0.190**	-0.182**	-0.156**	-0.035	0.322**	0.275**
	ΔPET_{wn}	-0.262**	-0.302**	-0.354**	-0.337**	-0.304**	-0.156**	0.215**	0.254**
	ΔPET_{sd}	0.003	-0.003	-0.088	-0.094	-0.06	0.041	0.262**	0.199**
	ΔPET_{sn}	-0.234**	-0.253**	-0.311**	-0.301**	-0.240**	-0.081	0.298**	0.312**
建筑高度离散度	ΔPET_{wd}	0.243**	0.085	-0.005	-0.018	0.059	0.176**	0.271**	0.134*
	ΔPET_{wn}	0.199**	-0.017	-0.098	-0.108*	-0.05	0.078	0.264**	0.150**
	ΔPET_{sd}	0.185**	0.082	-0.031	-0.048	-0.004	0.122*	0.183**	0.041
	ΔPET_{sn}	0.202**	0.001	-0.136*	-0.144**	-0.086	0.076	0.264**	0.127*

注:**表示 $p<0.01$,*表示 $p<0.05$。

表 4-27 周铁村 *SVF* 与平均 *PET* 冷却值的相关系数

平均冷却值	ΔPET_{wd}	ΔPET_{wn}	ΔPET_{sd}	ΔPET_{sn}
相关系数	-0.441**	-0.458**	-0.117*	-0.460**

注:**表示 $p<0.01$,*表示 $p<0.05$。

表 4-30 给出了西望村(东)不同计算半径 r 时绿化率指标与平均 *PET* 冷却值的相关系数统计。由表可知,平均 *PET* 冷却值与所有计算半径情况下的绿化率指标存在明显的正相关关系,并且在夏季的相关性高于冬季,在夏季日间的相关性高于夜间,在冬季日间的相关性低于夜间。ΔPET_{wd}、ΔPET_{sd} 与 $r=10\ m$ 时的绿化率相关性最高,ΔPET_{wn}、ΔPET_{sn} 与 $r=150\ m$ 时的绿化率相关性最高。

表 4-28　西望村(东)不同计算半径时水体率指标与平均 *PET* 冷却值的相关系数

r/m	ΔPET_{wd}	ΔPET_{wn}	ΔPET_{sd}	ΔPET_{sn}
150	−0.231**	−0.121**	−0.136**	−0.090*
100	−0.337**	−0.231**	−0.221**	−0.211**
50	−0.527**	−0.402**	−0.312**	−0.381**
40	−0.566**	−0.440**	−0.340**	−0.420**
30	−0.609**	−0.475**	−0.369**	−0.455**
20	−0.625**	−0.488**	−0.391**	−0.476**
10	−0.610**	−0.484**	−0.413**	−0.496**
5	−0.571**	−0.464**	−0.411**	−0.480**

注:**表示 $p < 0.01$。

表 4-29　西望村(东)水体距离指标与平均 *PET* 冷却值的相关系数

平均冷却值	ΔPET_{wd}	ΔPET_{wn}	ΔPET_{sd}	ΔPET_{sn}
相关系数	0.426**	0.331**	0.275**	0.346**

注:**表示 $p < 0.01$。

表 4-30　西望村(东)不同计算半径时绿化率指标与平均 *PET* 冷却值的相关系数统计

r/m	ΔPET_{wd}	ΔPET_{wn}	ΔPET_{sd}	ΔPET_{sn}
150	0.134**	0.293**	0.329**	0.262**
100	0.112*	0.257**	0.328**	0.229**
50	0.111*	0.231**	0.344**	0.220**
40	0.120**	0.233**	0.354**	0.224**
30	0.132**	0.238**	0.368**	0.228**
20	0.144**	0.239**	0.374**	0.228**
10	0.147**	0.236**	0.376**	0.232**
5	0.134**	0.226**	0.367**	0.225**

注:**表示 $p < 0.010$。

　　表 4-31 给出了西望村(东)不同计算半径 r 时建筑指标与平均 *PET* 冷却值的相关系数统计。由表可知,平均 *PET* 冷却值与不同计算半径的建筑指标呈现不同的相关关系。对于 ΔPET_{wd} 而言,与 $r \leqslant 50$ m 计算半径时的容积率、建筑密度、总墙体面积指标呈现正相关关系,即测点周围的建筑容量越大,平均 *PET* 冷却值越大,水体 *PET* 冷却效果越弱。对于 ΔPET_{sd} 而言,则与容积率、建筑密度、总墙体面积呈现明显的负相关关系,即测点周围的建筑容量越大,水体 *PET* 冷却效果越强。见表 4-32,SVF 与 ΔPET_{wd} 呈现负相关关系,与

ΔPET_{sd}呈现正相关关系,与夜间PET冷却值则不存在相关关系。

表 4-31　西望村(东)不同计算半径时建筑指标与平均PET冷却值的相关系数统计

建筑指标	平均冷却值	$r=150$ m	$r=100$ m	$r=50$ m	$r=40$ m	$r=30$ m	$r=20$ m	$r=10$ m	$r=5$ m
容积率	ΔPET_{wd}	-0.121**	-0.055	0.068	0.102*	0.161**	0.202**	0.210**	0.184**
	ΔPET_{wn}	-0.291**	-0.215**	-0.097*	-0.065	-0.013	0.008	0.056	0.085
	ΔPET_{sd}	-0.337**	-0.279**	-0.242**	-0.227**	-0.186**	-0.180**	-0.161**	-0.112*
	ΔPET_{sn}	-0.255**	-0.181**	-0.094*	-0.061	-0.012	0.012	0.072	0.101*
建筑密度	ΔPET_{wd}	-0.126**	-0.062	0.07	0.105*	0.164**	0.207**	0.222**	0.201**
	ΔPET_{wn}	-0.297**	-0.224**	-0.088*	-0.051	0.002	0.027	0.077	0.097*
	ΔPET_{sd}	-0.340**	-0.286**	-0.238**	-0.221**	-0.175**	-0.166**	-0.148**	-0.113*
	ΔPET_{sn}	-0.260**	-0.190**	-0.083	-0.045	0.008	0.034	0.094*	0.114*
总墙体面积	ΔPET_{wd}	-0.127**	-0.078	0.041	0.057	0.100*	0.145**	0.199**	0.154**
	ΔPET_{wn}	-0.294**	-0.241**	-0.120**	-0.095*	-0.04	-0.002	0.029	0.031
	ΔPET_{sd}	-0.343**	-0.301**	-0.247**	-0.243**	-0.208**	-0.160**	-0.151**	-0.163**
	ΔPET_{sn}	-0.258**	-0.205**	-0.112*	-0.094*	-0.037	0	0.028	0.045
平均建筑高度	ΔPET_{wd}	0.151**	-0.029	-0.077	-0.108*	-0.100*	-0.064	0.086	0.168**
	ΔPET_{wn}	0.240**	-0.058	-0.146**	-0.184**	-0.173**	-0.148**	-0.075	0.029
	ΔPET_{sd}	0.204**	-0.061	-0.204**	-0.224**	-0.246**	-0.246**	-0.245**	-0.173**
	ΔPET_{sn}	0.233**	-0.044	-0.140**	-0.174**	-0.167**	-0.158**	-0.078	0.038
建筑高度离散度	ΔPET_{wd}	-0.126**	-0.140**	-0.082	-0.113*	-0.079	0.002	0.160**	0.088*
	ΔPET_{wn}	-0.174**	-0.199**	-0.161**	-0.186**	-0.152**	-0.077	0.061	0.069
	ΔPET_{sd}	-0.174**	-0.184**	-0.205**	-0.259**	-0.255**	-0.226**	-0.119**	-0.048
	ΔPET_{sn}	-0.167**	-0.172**	-0.136**	-0.173**	-0.147**	-0.074	0.07	0.096*

注:**表示$p<0.01$,*表示$p<0.05$。

表 4-32　西望村(东)SVF与平均PET冷却值的相关系数

平均冷却值	ΔPET_{wd}	ΔPET_{wn}	ΔPET_{sd}	ΔPET_{sn}
相关系数	-0.179**	-0.009	0.206**	-0.035

注:**表示$p<0.01$。

2. 多元回归模型建立

周铁村的水体PET冷却值多元线性回归结果如式(4-18)、(4-19)、(4-20)、(4-21)所示。

$$\Delta PET_{wd} = -0.401W_{20} - 0.174G_{40} - 0.05B_{10} - 0.026H_{30} + 0.013D_{20} - 0.157 \quad (4\text{-}18)$$

$$\Delta PET_{wn} = -0.148W_{30} - 0.080G_{40} - 0.053B_{150} - 0.023H_{50} + 0.100 \quad (4\text{-}19)$$

$$\Delta PET_{\mathrm{sd}} = -1.259W_{20} - 0.756G_{40} + 0.685S - 0.755 \tag{4-20}$$

$$\Delta PET_{\mathrm{sn}} = -0.2361W_{20} - 0.103G_{30} - 0.046H_{50} - 8.210\times10^{-7}A_{150} + 0.039D_{150} + 0.133 \tag{4-21}$$

式中：W_{20}、W_{30}——r=20 m、r=30 m 时的水体率；

　　　　G_{40}、G_{30}——r=40 m、r=30 m 时的绿化率；

　　　　B_{10}、B_{150}——r=10 m、r=150 m 时的建筑密度；

　　　　H_{30}、H_{50}——r=30 m、r=50 m 时的平均建筑高度；

　　　　D_{20}、D_{150}——r=20 m、r=150 m 时的建筑高度离散度；

　　　　A_{150}——r=150 m 时的总墙体面积。

表 4-33 给出了周铁村多元线性回归模型的各项参数。由各个模型的 R^2 可知，各项形态要素对 ΔPET_{wd}、ΔPET_{wn}、ΔPET_{sd}、ΔPET_{sn} 的解释度分别为 48.0%、48.5%、36.9%、52.9%，其中 ΔPET_{sn} 的模型拟合度最高。通过对比各个模型的标准化回归系数可以发现，水体率均为其中影响程度最大的要素。

表 4-33　周铁村形态要素与水体 *PET* 冷却值多元回归模型综合分析

因变量	自变量	未标准化系数	标准化系数	t 检验 p 值	方差膨胀系数 V	方差检验量 F	方差检验 p 值	R^2
ΔPET_{wd}	W_{20}	−0.401	−0.695	0.000	1.718	65.427	0.000	0.480
	G_{40}	−0.174	−0.123	0.004	1.252			
	B_{10}	−0.050	−0.103	0.046	1.813			
	H_{30}	−0.026	−0.209	0.000	1.164			
	D_{20}	0.013	0.099	0.015	1.110			
ΔPET_{wn}	W_{30}	−0.148	−0.593	0.000	1.086	83.672	0.000	0.485
	G_{40}	−0.080	−0.159	0.000	1.236			
	B_{150}	−0.053	−0.103	0.030	1.549			
	H_{50}	−0.023	−0.364	0.000	1.347			
ΔPET_{sd}	W_{20}	−1.259	−0.688	0.000	1.940	43.640	0.000	0.369
	G_{40}	−0.756	−0.168	0.000	1.061			
	S	0.685	0.393	0.000	2.021			
ΔPET_{sn}	W_{20}	−0.236	−0.626	0.000	1.113	79.668	0.000	0.529
	G_{30}	−0.103	−0.133	0.001	1.218			
	H_{50}	−0.046	−0.395	0.000	1.387			
	A_{150}	−8.210E-7	−0.199	0.000	1.334			
	D_{150}	0.039	0.107	0.010	1.261			

注：方差膨胀系数 V 为衡量多元线性回归模型中多重共线性严重程度的变量；方差检验量 F 为方差齐性检验中的统计量值。

对于冬季日间而言，r=20 m 时的水体率、r=40 m 时的绿化率、r=10 m 时的建筑密度、

r=30 m 时的平均建筑高度、r=20 m 时的建筑高度离散度,对于平均 PET 冷却值的影响较大。其中水体率、绿化率、建筑密度、平均建筑高度的增大,均会使得水体对于 PET 的冷却强度增大;而建筑高度离散度的增大则会导致水体对于 PET 的冷却强度减小。

对于冬季夜间而言,r=30 m 时的水体率、r=40 m 时的绿化率、r=150 m 时的建筑密度、r=50 m 时的平均建筑高度,对于平均 PET 冷却值的影响较大。其中水体率、绿化率、建筑密度、平均建筑高度的增大,均会导致水体对于 PET 的冷却强度增大。

对于夏季日间而言,r=20 m 时的水体率、r=40 m 时的绿化率、天空开阔度,对于平均 PET 冷却值的影响较大。其中水体率、绿化率的增大,会导致水体对于 PET 的冷却强度增大;天空开阔度的增大,会导致水体对于 PET 的冷却强度减小。

对于夏季夜间而言,r=20 m 时的水体率、r=30 m 时的绿化率、r=150 m 时的总墙体面积、r=50 m 时的平均建筑高度、r=150 m 时的建筑高度离散度,对于平均 PET 冷却值的影响较大。其中水体率、绿化率、总墙体面积、平均建筑高度的增大,均会导致水体对于 PET 的冷却强度增大;而建筑高度离散度的增大则会导致水体对于 PET 的冷却强度减小。

西望村(东)的水体冷却值多元线性回归结果如式(4-22)、(4-23)、(4-24)、(4-25)所示。

$$\Delta PET_{\text{wd}} = -0.401W_{20} + 0.125G_{50} - 1.313\times10^{-6}A_{150} - 0.224S - 0.172 \tag{4-22}$$

$$\Delta PET_{\text{wn}} = -0.134W_{20} - 0.116B_{150} + 0.012D_{50} - 0.041 \tag{4-23}$$

$$\Delta PET_{\text{sd}} = -0.446W_{10} + 0.130G_{40} - 0.011H_{10} + 0.072D_{50} - 3.392\times10^{-6}A_{150} - 0.709 \tag{4-24}$$

$$\Delta PET_{\text{sn}} = -0.317W_{10} - 3.131\times10^{-6}A_{150} - 0.008H_{20} + 0.053D_{50} + 0.001L - 0.263 \tag{4-25}$$

式中:W_{20}——r=20 m 时的水体率;

$\quad W_{10}$——r=10 m 时的水体率;

$\quad G_{50}$——r=50 m 时的绿化率;

$\quad H_{10}$——r=10 m 时的平均建筑高度;

$\quad H_{20}$——r=20 m 时的平均建筑高度;

$\quad A_{150}$——r=150 m 时的总墙体面积;

$\quad D_{50}$——r=50 m 时的建筑高度离散度;

$\quad S$——天空开阔度;

$\quad L$——水体距离。

表 4-34 给出了西望村(东)多元线性回归模型的各项参数。由各个模型的 R^2 可知,各项形态要素对 ΔPET_{wd}、ΔPET_{wn}、ΔPET_{sd}、ΔPET_{sn} 的解释度分别为 43.4%、33.7%、32.8%、34.0%,其中 ΔPET_{wd} 的模型拟合度最高。

表 4-34　西望村(东)形态要素与水体冷却值多元回归模型综合分析

因变量	自变量	未标准化系数	标准化系数	t 检验 p 值	方差膨胀系数 V	方差检验量 F	方差检验 p 值	R^2
ΔPET_{wd}	W_{20}	−0.401	−0.520	0.000	1.436	96.998	0.000	0.434
	G_{50}	0.125	0.258	0.000	4.479			
	A_{150}	−1.313E-6	−0.163	0.003	2.620			
	S	−0.224	−0.335	0.000	4.330			
ΔPET_{wn}	W_{20}	−0.134	−0.499	0.000	1.010	85.830	0.000	0.337
	B_{150}	−0.116	−0.393	0.000	1.863			
	D_{50}	0.012	0.141	0.005	1.873			
ΔPET_{sd}	W_{10}	−0.446	−0.445	0.000	1.103	49.262	0.000	0.328
	G_{40}	0.130	0.173	0.000	4.731			
	H_{10}	−0.011	−0.140	0.000	2.587			
	D_{50}	0.072	0.186	0.000	2.257			
	A_{150}	−3.392E-6	−0.255	0.000	2.667			
ΔPET_{sn}	W_{10}	−0.317	−0.427	0.000	1.483	51.854	0.000	0.340
	A_{150}	−3.131E-6	−0.318	0.000	2.003			
	H_{20}	−0.008	−0.123	0.018	2.034			
	D_{50}	0.053	0.185	0.001	2.285			
	L	0.001	0.149	0.001	1.501			

注:方差膨胀系数 V 为衡量多元线性回归模型中多重共线性严重程度的变量;方差检验量 F 为方差齐性检验中的统计量值。

　　对于冬季日间而言,r=20 m 时的水体率、r=50 m 时的绿化率、r=150 m 时的总墙体面积以及天空开阔度,对于平均 PET 冷却值的影响较大。水体率、总墙体面积、天空开阔度的增大,均会使得水体对于 PET 的冷却强度增大;而绿化率的增大则会导致水体对于 PET 的冷却强度减小。

　　对于冬季夜间而言,r=20 m 时的水体率、r=150 m 时的建筑密度、r=50 m 时的建筑高度离散度,对于平均 PET 冷却值的影响较大。其中水体率、建筑密度的增大,会导致水体对于 PET 的冷却强度增大;而建筑高度离散度的增大则会导致水体对于 PET 的冷却强度减小。

　　对于夏季日间而言,r=10 m 时的水体率、r=40 m 时的绿化率、r=10 m 时的平均建筑高度、r=50 m 时的建筑高度离散度、r=150 m 时的总墙体面积,对于平均 PET 冷却值的影响较大。其中水体率、平均建筑高度、总墙体面积的增大,会导致水体对于 PET 的冷却强度增大;而绿化率、建筑高度离散度的增大则会导致水体对于 PET 的冷却强度减小。

　　对于夏季夜间而言,r=10 m 时的水体率、r=150 m 时的总墙体面积、r=20 m 时的平均建筑高度、r=50 m 时的建筑高度离散度以及水体距离,对于平均 PET 冷却值的影响较大。其中水体率、总墙体面积、平均建筑高度的增大,均会导致水体对于 PET 的冷却强度增大;而建筑高度离散度、水体距离的增大则会导致水体对于 PET 的冷却强度减小。

　　从水体指标来看,在周铁村与西望村(东)中水体率的增加和水体距离的减小均导致水体对于 PET 的冷却强度增大,但西望村(东)中水体指标与 PET 冷却值的相关性较弱。从绿化指标来看,周铁村中绿化指标与 PET 冷却值呈明显的负相关关系,而在西望村(东)中转变为较弱的正相关关系,这与上文中对于气温冷却值的研究结果较为相似。

从建筑指标来看,周铁村与西望村(东)的回归分析结果均显示建筑容量指标中的容积率、建筑密度与 PET 冷却值呈负相关关系。这与上文中对于气温冷却值的研究结果不同,建筑容量的增大会导致水体对于 PET 的冷却强度增大。建筑容量的增大则代表着阴影空间的增多,这说明阴影空间的增多能够使得水体对于 PET 的冷却效应加强。建筑竖向指标中的平均高度与 PET 冷却值呈负相关,建筑高度离散度与 PET 冷却值呈正相关,说明平均高度越高,高度离散度越小, PET 冷却值越小,水体冷却强度越大。

通过观察 PET 冷却值回归模型的 R^2 可以发现,周铁村与西望村(东)的形态要素指标对于 PET 冷却值的解释程度较低。这可由以下 3 点原因进行解释:其一是通过 4.3.1 节的研究可知,边界气象要素对于水体微气候效应的影响程度较大,因此降低了村镇形态要素对于 PET 冷却值的解释程度;其二是风速风向对水体冷却效应的空间分布有较大影响,但村镇形态要素与风速风向的关系较难被量化为形态参数置入回归方程中;其三是 PET 指标通过非线性的稳态传热模型计算得出,综合了空气温度、相对湿度、风速、平均辐射温度、人体等因素的影响,用线性回归模型仅能探究各形态要素指标对于 PET 冷却值的影响,无法达到完全解释的目的。因此,后续需要继续探究形态参数计算方法,同时寻找更为合适的拟合方法,以提升模型的计算精度。

但是本书所提出的 PET 冷却值多元回归模型已能够在设计初期为村镇规划与改造提供微气候层面的技术支撑。设计者可以根据不同的既有村镇形态合理设置水体形态,利用水体冷却效应人为地控制与调整村镇的微气候环境,并使该调控手段发挥最大效益。在水体形态不易被改造的情况下,设计者可以通过改变建筑与绿化形态,来增强或削减水体的冷却效应,从而达到提升室外热舒适度与减小建筑能耗的目的。

4.4　本章小结

本章以江苏省宜兴市西望村(东)、周铁村为研究案例,运用 ENVI-met 软件分析该村镇在冬、夏两季有、无水体等 4 种工况下的微气候状况,进而研究水体对于村镇微气候环境的影响,并且量化分析了气象要素与村镇形态要素对于水体微气候冷却效应的影响。

首先本章从模拟软件选取、物理模型建立、模拟参数设置、模拟有效性验证等 4 个方面,详细介绍了微气候模拟的相关设置及模拟软件的准确性与有效性。其次分析了水体对于村镇空气温度、相对湿度、风速风向及热舒适的影响,表明水体的存在能够降低空气温度,提高相对湿度,形成加速空气流动的通风廊道,同时降低热舒适指标 PET ,提升村镇整体热舒适性能。此外,分析了气象要素以及村镇形态要素对于水体空气温度冷却值与 PET 冷却值的影响。针对气象要素的影响,分析得出村镇边界空气温度、太阳辐射越大,相对湿度越小,水体的微气候冷却效应越大;同时空气流动的增大也会增强水体的蒸发冷却效果,导致气温冷却效果与 PET 冷却效果增强。针对村镇形态要素的影响,通过相关性分析与多元线性回归分析,得出了村镇水体、建筑、绿化形态要素与水体气温冷却值与 PET 冷却值的量化关系,进一步归纳总结了各类形态指标对于水体微气候冷却效应的影响。

第五章　基于热舒适提升的村镇水体空间格局优化设计

　　第二章对于村镇水体空间形态进行了归纳整理,同时分析了典型村镇的微气候实测与模拟状况,进一步探究水体微气候冷却效应的影响因素。但对于实际村镇的微气候环境提升而言,典型村镇的模拟数据量过小,可能存在一村一例的情况,得出的结论不具有代表性;其次实际村镇的水体空间格局较为复杂,影响微气候环境的因素众多,无法归纳总结出单一因素的影响。因此本章依据实际村镇的典型水体空间形态特征提炼出基准模型,通过模拟冬季与夏季典型气象日的微气候状况,探索水体空间格局基于热舒适层面的优化策略,并运用实际案例对优化策略进行方案验证。

5.1　水体空间格局优化试验方法

5.1.1　建筑模型建立

　　由第二章的分析可知,宜兴地区村镇的建筑空间形态主要分为行列式和混合式,其中行列式布局村镇占多数。从类型上看,多数现存及规划新建的村镇一般属于行列式布局,而少数历史悠久的传统村镇一般属于混合式布局。 在传统村镇中水体空间格局一般受到保护,改造余地较小。因此本章以行列式联排作为村镇建筑的基本空间格局,以宜兴地区村镇中最为常见的天井式住宅建筑作为建筑单体的基本形态,进行后续的模拟探究。其中建筑材质属性参考表4-2中的烧结多孔砖墙设置,地面材质属性参考表4-3中的混凝土铺面设置。建筑单体与联排组合的具体形态及尺寸如图5-1所示。

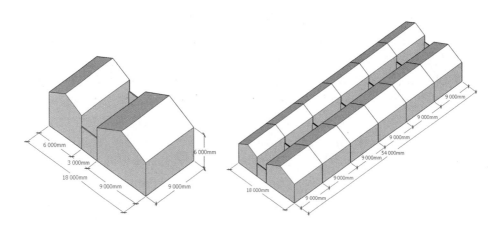

图 5-1　建筑模型示意(图片来源:著者自绘)

5.1.2　水体空间格局模型建立

由第二章可知,宜兴地区村镇中水网密布,水体形态以线状河流为主,因此本章所研究的水体空间格局优化对象为线状河流及其周边堤岸空间,并对影响村镇微气候的水体空间格局要素进行寻优。依据文献综述和实际调研,本章主要探究的水体空间格局要素包括水体容量、水体布局、水体状态及堤岸植被。

5.1.2.1　水体容量试验模型

水体宽度是村镇水体容量的具体表征参数。由第二章的水体聚类宽度知,12 m、15 m、23 m、35 m、45 m 可代表宜兴地区村镇的典型水体宽度情况。因此本章以这 5 类水体宽度展开寻优试验,研究南北走向和东西走向布局下水体宽度对于舒适度的影响,具体模型设置见表 5-1,其中 W-H-0 模型为无水对照组。

表 5-1　水体容量模型平面示意

水体宽度/m	水体率/%	南北走向布局		东西走向布局	
		模型编号	平面示意	模型编号	平面示意
0	0	W-H-0		W-V-0	
12	0.08	W-H-12		W-V-12	
15	0.10	W-H-15		W-V-15	

水体宽度/m	水体率/%	南北走向布局		东西走向布局	
		模型编号	平面示意	模型编号	平面示意
23	0.15	W-H-23		W-V-23	
35	0.23	W-H-35		W-V-35	
45	0.27	W-H-45		W-V-45	

注:灰色区域为数据采集区域,斜线填充区域为水体区域。

5.1.2.2 水体布局试验模型

宜兴地区村镇水网密集,水体在村镇中存在多种布局形式。通过第二章中的河流走向分析结果可知,20°与110°为宜兴地区村镇河流的主要走向,因此本章以这两种走向为基本原型,研究水体布局对于水体微气候的影响,模型设置见表5-2。

由第二章可知,"一河两岸"的带形布局为宜兴地区村镇河流的主要布局形式,此外还存在河流于村镇内部交叉布局、河流平行穿越村镇布局等形式。因此本章以"一字"穿越式布局、"平行"穿越式布局、"十字"交叉式布局作为典型案例进行模拟寻优,以探求水体集中与分散布置对于微气候环境舒适度的影响。模型设置见表5-3。每一种方案的水体率保持一致,设置在不同水体走向下1~3条河流的平行布局模式,同时设置两条水体"十字"交叉布局的模式。

由第四章的结论可知,水体的微气候效应分布受到风速风向的影响,而水体在村镇内部所处的方位不同会影响其与主导风向的关系,本章通过改变"一字"穿越式、"十字"交叉式布局案例中水体在村镇中的具体方位,设置了表5-4中的8种模型。

表 5-2　水体布局基础试验模型平面示意

模型类型	无水对照组	东西走向布局	南北走向布局
模型编号	N	W-H-1	W-V-1
平面示意			

注:灰色区域为数据采集区域,斜线填充区域为水体区域。

5.1.2.3　水体状态试验模型

水体状态的改变会影响其冷却能力。如今许多城市河流中引入了治理河道的景观喷泉,这种景观喷泉的主要目的是提升河流水质,同时还可以作为景观来提升河道空间的观赏性。与此同时,喷泉的存在会改变河流水体以往流动的状态,转而变为喷溅式状态,对水体的微气候效应产生较大影响。

因此本章设置了表 5-5 所示的加入河道喷泉的试验模型,以探求水体状态的改变是否能够优化微气候环境的舒适度。河道喷泉位于各方案的河道中央,喷射高度设置为 2 m,各方案之间的喷泉数量保持不变,统一设置为 8 个。模型 FW-H 与 FW-V 的喷泉间距设置为 30 m,模型 FW-HV 的喷泉间距设置为 60 m。

5.1.2.4　堤岸植被试验模型

蓝绿空间中的水体与植被能够互相影响,产生协同微气候效应。本章在"一字"穿越式、"十字"交叉式这两种典型水体布局案例中加入堤岸植被设置,并以无水体的堤岸植被模型作为对照组,以此探求堤岸植被对于村镇微气候舒适度的影响。具体模型设置见表 5-6。植被模型布置在河道两旁的堤岸,树种设置为宜兴地区常见的香樟树,植被参数设置参考表 4-4。各模型之间的树木数量保持不变,设置为 68 棵。模型 G-H、G-V、GW-H、GW-V 中的乔木间距设置为 6 m,模型 G-HV、GW-HV 中设置为 12 m。

表 5-3　水体分散程度试验模型平面示意

模型类型	东西走向	南北走向	东西+南北走向
"一字"穿越式	W-H-1	W-V-1	—
"平行"穿越式	W-H-2	W-V-2	—
"平行"穿越式	W-H-3	W-V-3	—
"十字"交叉式	—	—	W-HV-2

注:灰色区域为数据采集区域,斜线填充区域为水体区域。

表 5-4　水体方位试验模型平面示意

模型类型	"一字"穿越式	"十字"交叉式
平面示意	W-H-1-1	W-HV-2-1
平面示意	W-H-1-2	W-HV-2-2
	W-V-1-1	W-HV-2-3
	W-V-1-2	W-HV-2-4

注：灰色区域为数据采集区域，斜线填充区域为水体区域。

表 5-5　河道喷泉试验模型平面示意

模型类型	东西走向布局	南北走向布局	"十字"交叉布局
平面示意	FW-H	FW-V	FW-HV

注:灰色区域为数据采集区域,斜线填充区域为水体区域,黑点代表设置喷泉位置。

表 5-6　堤岸植被试验模型平面示意

模型类型	"一字"穿越式		"十字"交叉式
	东西走向	南北走向	东西+南北走向
植被对照组	G-H	G-V	G-HV
植被+水体试验组	GW-H	GW-V	GW-HV

注:灰色区域为数据采集区域,斜线填充区域为水体区域,黑点代表种植乔木位置。

5.1.3　微气候模拟与评价方法

为评估 5.1.2 节中优化试验方案的热舒适性能,本书应用 ENVI-met 进行冬、夏两季典型气象日的微气候模拟,以得到热舒适度评价的各项参数。冬、夏两季典型气象日的边界条件参考 4.1.3.2 节中的表 4-7 设置。模拟均于前一日的 4:00 开始,于模拟日期的 24:00 结束,模拟时长共计 44 h,以消除模拟软件初始化的影响。此外,考虑到 ENVI-met 软件模拟中靠近计算域边界的计算结果存在不准确的情况,本书仅取用中心区域内的模拟结果进行评估,并在目标评估区域周边添加同等尺寸的建筑物,以还原现实情况中周边环境的影响。目标评估区域范围如 5.1.2 节图表中的灰色区域所示。

所采用的热舒适度评价指标是 3.1.2.2 节所述的逐时 PET 等级空间比率以及舒适空间比率逐时累计值(tCZR)。同时为了兼顾冬季防寒与夏季防热,计算了冬季与夏季舒适面积比率逐时累计值的总和($tCZR_{sum}$),作为热舒适度优化的总体目标。

由试验模拟结果可知,冬季和夏季全天使用时段中舒适等级所对应的空间比率较小,多数时间的大部分空间均无法满足舒适性要求。若只统计使用时段内舒适空间比率,较难评判出各方案的整体舒适度状况,因此本章扩大了 tCZR 计算中的舒适区间范围,纳入"稍凉""舒适""稍暖"等级所对应的 PET 区间范围。

5.2　试验结果与指标评价

5.2.1　水体容量

依照表 3-3 的 PET 分级标准,计算 6:00—22:00 中各时刻不同 PET 评价等级所对应的面积占研究区域面积的比率,同时统计各时刻研究范围内 PET 的平均值。每一工况的统计结果如下所示。

5.2.1.1　东西走向布局工况

图 5-2~图 5-7 为东西方向水体布局情况下不同水体宽度的逐时 PET 空间比率分布图。由各工况冬、夏两季逐时 PET 空间比率分布可知,在冬季几乎所有时段中的所有空间都处于"稍凉"与"凉"评价等级,只有在 11:00—14:00 会出现小部分的舒适空间;夏季的整体舒适空间比率高于冬季,在 6:00—9:00 和 18:00—22:00 均出现大比例的舒适空间,但在中午时段存在处于"热"等级的小部分空间。对比各工况之间的差异可以发现,水体宽度的增加会使冬季舒适空间比率下降,夏季舒适空间比率上升,并且对于夏季的影响更为显著。

为进一步探究水体宽度变化对 PET 带来的影响,将各工况评价时间段内的平均 PET 值与无水体对照组 W-H-0 进行差值计算,得出每一种水体宽度所对应的 ΔPET,同时将 ΔPET 与所对应的水体宽度进行回归分析,如图 5-8 所示。由图可知,水体宽度的增加会导致 PET 降低。ΔPET 与水体宽度的关系可用一元线性回归方程来解释,水体宽度每增加 10 m,在夏季 ΔPET 可下降 0.26 ℃,在冬季 ΔPET 可下降 0.05 ℃,表明夏季 PET 随水体宽度增加而降低的速率要大于冬季。

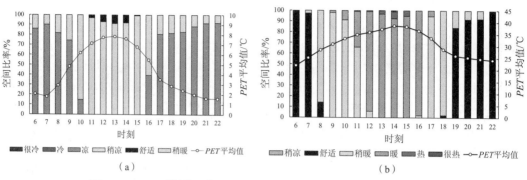

图 5-2　W-H-0 模型逐时 *PET* 空间比率分布图（图片来源：著者自绘）
（a）冬季典型气象日　（b）夏季典型气象日

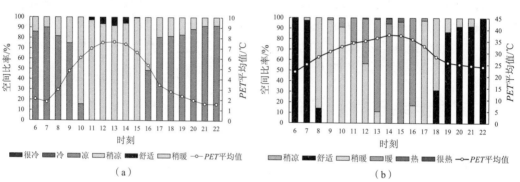

图 5-3　W-H-12 模型逐时 *PET* 空间比率分布图（图片来源：著者自绘）
（a）冬季典型气象日　（b）夏季典型气象日

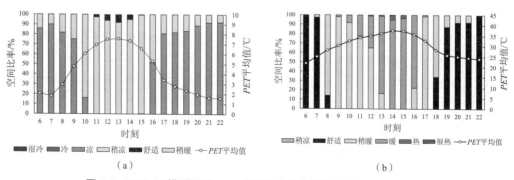

图 5-4　W-H-15 模型逐时 *PET* 空间比率分布图（图片来源：著者自绘）
（a）冬季典型气象日　（b）夏季典型气象日

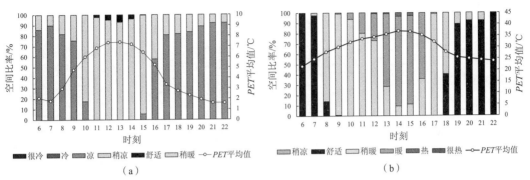

图 5-5　W-H-23 模型逐时 *PET* 空间比率分布图（图片来源：著者自绘）

（a）冬季典型气象日　（b）夏季典型气象日

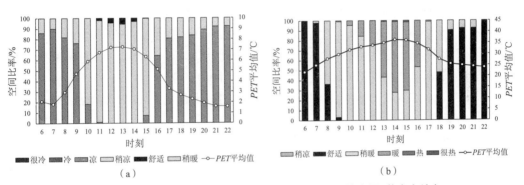

图 5-6　W-H-35 模型逐时 *PET* 空间比率分布图（图片来源：著者自绘）

（a）冬季典型气象日　（b）夏季典型气象日

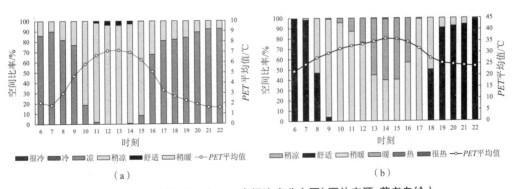

图 5-7　W-H-45 模型逐时 *PET* 空间比率分布图（图片来源：著者自绘）

（a）冬季典型气象日　（b）夏季典型气象日

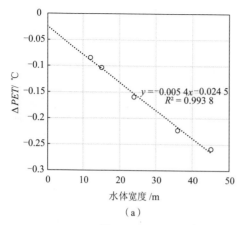 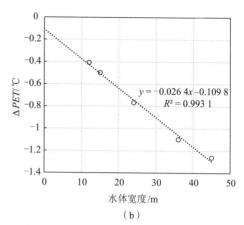

$y = -0.005\,4x - 0.024\,5$
$R^2 = 0.993\,8$

$y = -0.026\,4x - 0.109\,8$
$R^2 = 0.993\,1$

（a）　　　　　　　　　　　　　　　（b）

图 5-8　ΔPET 与水体宽度的回归分析（图片来源：著者自绘）

（a）冬季典型气象日　（b）夏季典型气象日

　　将各工况中处于"稍凉""舒适""稍暖"等级范围的空间比率进行逐时累加,统计各工况的冬季舒适空间比率累计值($tCZR_w$)、夏季舒适空间比率逐时累计值($tCZR_s$)及冬、夏两季舒适空间比率累计值的总和($tCZR_{sum}$);同时将 $tCZR$ 值与各工况所对应的水体宽度进行回归分析,探求水体宽度对于 $tCZR$ 的影响,结果如图 5-9 所示。

　　由图可知,水体宽度的增加会导致冬季 $tCZR_w$ 的减小和夏季 $tCZR_s$ 的增加,即降低了冬季典型日的热舒适程度,增加了夏季典型日的热舒适度程度。因此可以认为水体宽度的增加对于夏季热舒适状况有利,而对于冬季是不利的。

　　由 $tCZR_{sum}$ 可知,随着水体宽度的增加,冬、夏两季的整体 $tCZR_{sum}$ 值是在上升的,水体宽度每增加 10 m,整体 $tCZR_{sum}$ 值可增加 0.524。这是由于水体对于夏季热舒适状况的改善可以弥补对于冬季热舒适度状况的不利影响。因此可以认为在 12~45 m 范围内的东西向河流对于村镇微气候环境都是有利的,并且在这一范围内水体宽度越大,整体热舒适度状况越优。

5.2.1.2　南北走向布局工况

　　图 5-10~图 5-15 为南北方向水体布局情况下不同水体宽度的逐时 PET 空间比率分布图。对比各工况之间的差异可以发现,水体宽度的增加会使得冬季舒适空间比率下降,夏季舒适空间比率上升,并且对于夏季的影响更为明显。但这种影响是有限的,仍然无法改变夏季午间整体过热的现状,当水体宽度为 45 m 时,14:00—15:00 仍存在大量处于"暖"等级评价的空间。

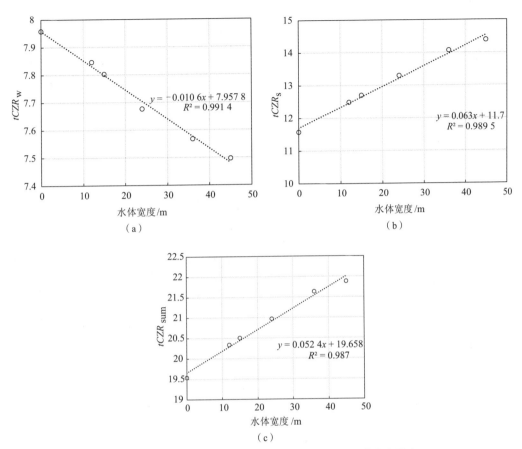

图 5-9　*tCZR* 与水体宽度的回归分析（图片来源：著者自绘）

（a）冬季 *tCZR*~w~　（b）夏季 *tCZR*~s~　（c）*tCZR*~sum~

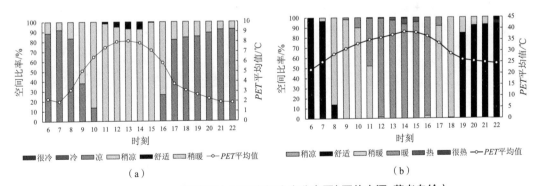

图 5-10　W-V-0 模型逐时 *PET* 空间比率分布图（图片来源：著者自绘）

（a）冬季典型气象日　（b）夏季典型气象日

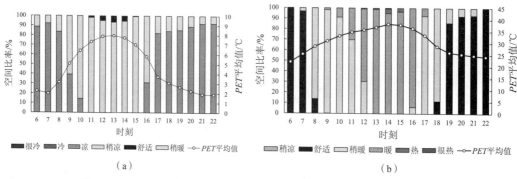

图 5-11　W-V-12 模型逐时 *PET* 空间比率分布图（图片来源：著者自绘）

（a）冬季典型气象日　（b）夏季典型气象日

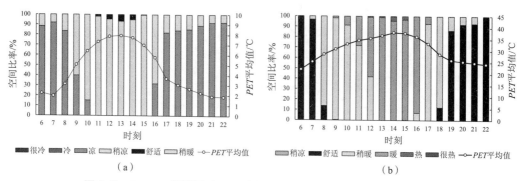

图 5-12　W-V-15 模型逐时 *PET* 空间比率分布图（图片来源：著者自绘）

（a）冬季典型气象日　（b）夏季典型气象日

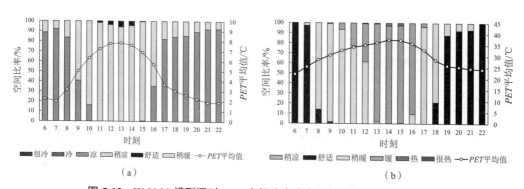

图 5-13　W-V-23 模型逐时 *PET* 空间比率分布图（图片来源：著者自绘）

（a）冬季典型气象日　（b）夏季典型气象日

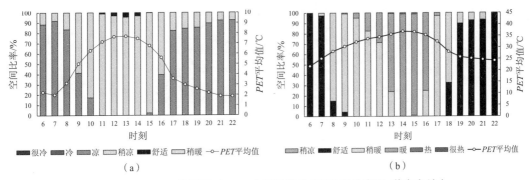

图 5-14　W-V-35 模型逐时 *PET* 空间比率分布图(图片来源：著者自绘)

（a）冬季典型气象日　（b）夏季典型气象日

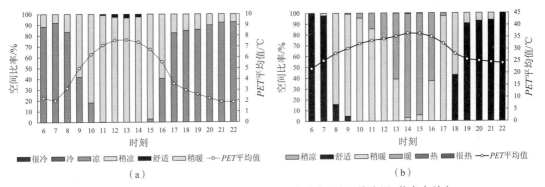

图 5-15　W-V-45 模型逐时 *PET* 空间比率分布图(图片来源：著者自绘)

（a）冬季典型气象日　（b）夏季典型气象日

为进一步探究水体宽度变化对 *PET* 带来的影响，将各工况评价时间段内的平均 *PET* 值与无水体对照组 W-V-0 进行差值计算，以统计每一种水体宽度所对应的 ΔPET，同时将 ΔPET 与所对应的水体宽度进行回归分析，如图 5-16 所示。由图可知，水体宽度的增加会导致 *PET* 降低。ΔPET 与水体宽度的关系可用一元线性回归方程来解释，水体宽度每增加 10 m，在夏季 ΔPET 可下降 0.22 ℃，在冬季 ΔPET 可下降 0.05 ℃，表明夏季 *PET* 随水体宽度增加而降低的速率要大于冬季。

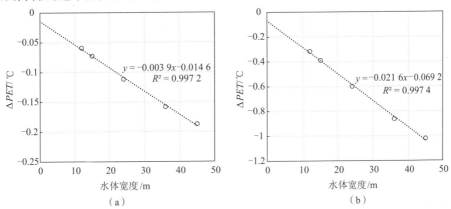

图 5-16　ΔPET 与水体宽度的回归分析(图片来源：著者自绘)

（a）冬季典型气象日　（b）夏季典型气象日

将各工况中处于"稍凉""舒适""稍暖"等级范围的空间比率进行逐时累加,统计各工况的 $tCZR_w$、$tCZR_s$ 及 $tCZR_{sum}$;同时将 $tCZR$ 与各工况所对应的水体宽度进行回归分析,探求水体宽度对于 $tCZR$ 的影响,结果如图 5-17 所示。

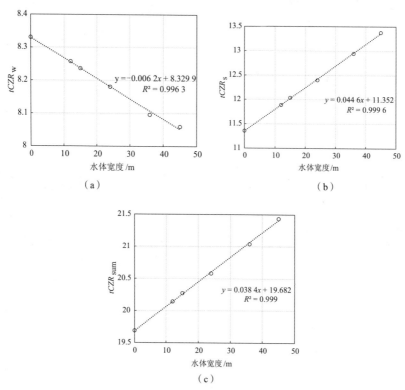

（a）冬季 $tCZR_w$　（b）夏季 $tCZR_s$　（c）$tCZR_{sum}$

图 5-17　$tCZR$ 与水体宽度的回归分析（图片来源:著者自绘）

由图可知,水体宽度的增加会导致冬季 $tCZR_w$ 的减小和夏季 $tCZR_s$ 的增加,可认为水体宽度的增加对于夏季的热舒适度状况是有利的,对于冬季是不利的。由 $tCZR_{sum}$ 可知,随着水体宽度的增加,冬、夏两季的整体 $tCZR_{sum}$ 值是在上升的,水体宽度每增加 10 m,整体 $tCZR_{sum}$ 值可增加 0.384。因此可以认为在 12~45 m 范围内的南北向河流对于村镇微气候环境都是有利的,并且在这一范围内水体宽度越大,整体热舒适度状况越优。

然而与东西向河流相比,南北向河流的 $tCZR_{sum}$ 随水体宽度增大而提升的幅度较小,河流宽度给其热舒适度环境带来的增益不如东西向河流。

5.2.2　水体布局

5.2.2.1　水体走向

图 5-18 为无水工况下的逐时 PET 空间比率分布图,图 5-19、图 5-20 为不同水体走向工况下的逐时 PET 空间比率分布图。对比不同水体走向工况下的统计结果可知,东西走向和南北走向的水体均会导致 PET 的下降,改善夏季热舒适状况,但对冬季热舒适度状况的改

变程度不大。在夏季两种走向的水体在 6:00—8:00 和 19:00—22:00 的热舒适度状况差异并不明显,在 9:00—18:00 期间模型 W-H-1 的整体热舒适度状况优于模型 W-V-1,说明东西走向水体对于 PET 的冷却效果优于南北走向。

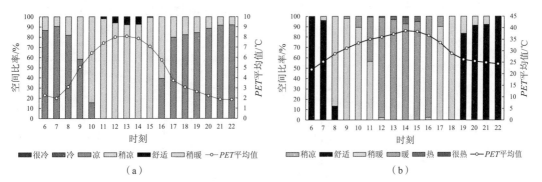

图 5-18　对照组 N 模型逐时 PET 空间比率分布图(图片来源:著者自绘)

(a)冬季典型气象日　(b)夏季典型气象日

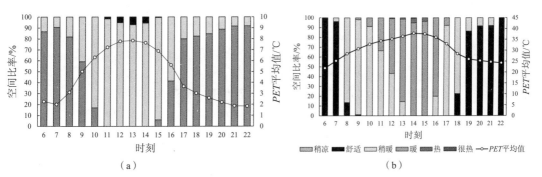

图 5-19　W-H-1 模型逐时 PET 空间比率分布图(图片来源:著者自绘)

(a)冬季典型气象日　(b)夏季典型气象日

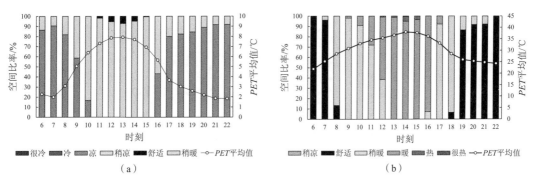

图 5-20　W-V-1 模型逐时 PET 空间比率分布图(图片来源:著者自绘)

(a)冬季典型气象日　(b)夏季典型气象日

将各工况评价时段内的平均 PET 值与无水体对照组 N 进行差值运算,以统计不同水体走向所对应的 ΔPET,结果如图 5-21 所示。结果表明,东西走向的水体布局可使夏季平均

PET下降 0.46 ℃,冬季平均 PET下降 0.09 ℃;南北走向的水体布局可使夏季平均 PET下降 0.34 ℃,冬季平均 PET下降 0.06 ℃。这说明东西走向的水体布局能够产生更强的 PET冷却效果。这是由于东西走向的水体与冬、夏两季主导风向基本平行,在水体上空形成了通畅的风廊。由 4.3.2.3 节的结论可知,风速的增大能够使得水体对于 PET的冷却强度增大,从而导致与主导风向平行的水体更易产生较大冷却效果。

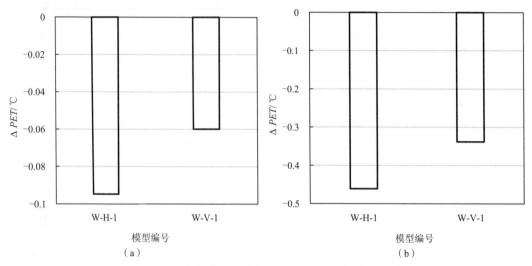

图 5-21 水体走向试验模型 ΔPET 统计(图片来源:著者自绘)

(a)冬季典型气象日 (b)夏季典型气象日

将各工况中处于"稍凉""舒适""稍暖"等级范围的空间比率进行逐时累加,统计各方案的 $tCZR_s$、$tCZR_w$ 及 $tCZR_{sum}$,统计结果如图 5-22 所示。由图可知,模型 W-V-1 的冬季 $tCZR_w$ 高于模型 W-H-1,夏季 $tCZR_s$ 小于模型 W-H-1,总体 $tCZR_{sum}$ 小于模型 W-H-1。这说明虽然东西走向布局相比南北走向对冬季室外热舒适度状况造成了更不利的影响,但是东西走向布局对于夏季热舒适度的改善效果较为突出,从总体来看在室外热舒适层面优于南北走向的水体布局。

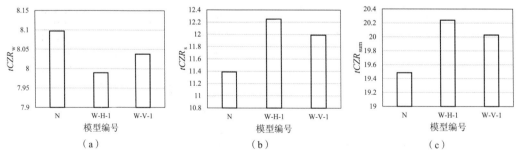

图 5-22 水体走向试验模型 $tCZR$ 统计(图片来源:著者自绘)

(a)$tCZR_w$ (b)$tCZR_s$ (c)$tCZR_{sum}$

5.2.2.2　水体分散与集中布置

将水体分散程度试验模型评价时段内的平均 *PET* 值与无水体对照组 N 进行差值运算，以统计不同水体分散程度所对应的 Δ*PET*，结果如图 5-23 所示。

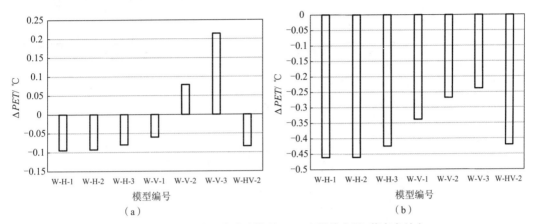

图 5-23　水体分散程度试验模型 Δ*PET*（图片来源：著者自绘）

（a）冬季典型气象日　（b）夏季典型气象日

在冬季典型气象日，东西走向布局模型 W-H-1 与 W-H-2 对于 *PET* 的冷却效果差异不大，模型 W-H-3 则相较于前面二者冷却强度减弱。这说明在东西走向布局下，水体分散程度的增加会减弱水体的冷却效应。南北走向布局模型 W-V-1 对 *PET* 的冷却强度弱于东西走向布局，模型 W-V-2 和 W-V-3 甚至出现了 *PET* 大幅提升的现象，并且随着河流分散程度增加，对于 *PET* 的提升效果也更加明显。

究其原因，除了由于水体自身分散程度导致的冷却效果下降外，还可能是由于水体分散程度的变化，同时也改变了村镇南北向街道的尺度，使南北向街道尺度更为平均，从而使 *PET* 有所上升。"十字"交叉布局模型 W-HV-2 对于 *PET* 的冷却效果则介于模型 W-H-1 和 W-V-1 之间。

在夏季典型气象日，东西走向布局模型 W-H-1 与 W-H-2 对于 *PET* 的冷却效果差异不大，模型 W-H-3 则相较于前面二者冷却强度减弱。南北走向布局模型的整体冷却效果弱于东西走向布局，其次随着水体分散程度的增大，冷却强度逐渐减弱。"十字"交叉布局模型 W-HV-2 对于 *PET* 的冷却效果同样介于模型 W-H-1 和 W-V-1 之间。

将各工况中处于"稍凉""舒适""稍暖"等级范围的空间比率进行逐时累加，统计各方案的 $tCZR_s$、$tCZR_w$ 及 $tCZR_{sum}$，统计结果如图 5-24 所示。

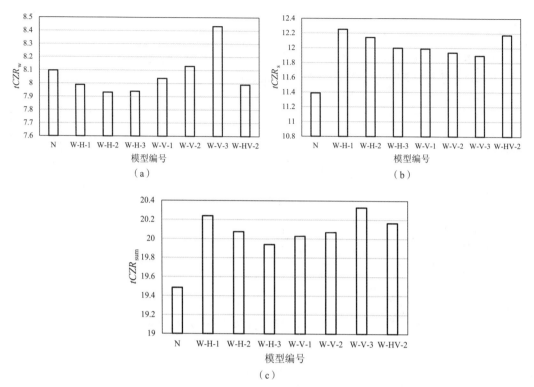

图 5-24　水体分散程度试验模型 *tCZR* 统计（图片来源：著者自绘）

（a）*tCZR*$_w$　（b）*tCZR*$_s$　（c）*tCZR*$_{sum}$

在冬季典型气象日，东西走向布局模型整体室外热舒适度状况较无水体对照组略有下降，且随着水体分散程度的增加，*tCZR*$_w$ 呈现先减小后增大的趋势。南北走向布局模型整体热舒适度状况优于东西走向，而且随着水体分散程度的增加，*tCZR*$_w$ 不断增大。其中模型 W-V-2 和 W-V-3 的 *tCZR*$_w$ 甚至超过了无水体对照组。"十字"交叉布局模型 W-HV-2 与模型 W-H-1 的热舒适度情况基本一致。总体来看，模型 W-V-3 在冬季的 *tCZR*$_w$ 最高，在热舒适度性能上表现最好。

在夏季典型气象日，东西走向布局模型整体热舒适度状况优于南北走向布局，并且随着水体分散程度的增大，*tCZR*$_s$ 不断减小。南北向布局模型同样呈现出随着水体分散程度增大，*tCZR*$_s$ 不断减小的趋势。"十字"交叉布局模型 W-HV-2 的 *tCZR*$_s$ 值略小于模型 W-H-1，同时大于所有南北走向布局模型。

从 *tCZR*$_{sum}$ 来看，模型 W-V-3 表现最优，其中起关键性作用的是冬季 *tCZR*$_w$ 值；此外模型 W-H-1 和 W-HV-2 也呈现出较为舒适的微气候环境，无水体对照组 N 的整体热舒适度状况最差。东西向布局和南北向布局呈现出相反的规律。东西向布局水体随着分散程度的增加，*tCZR*$_{sum}$ 值不断减小；而南北向布局水体随着分散程度的增加，*tCZR*$_{sum}$ 值不断增加。

5.2.2.3　水体方位

将"一字"穿越式布局模式下的水体方位试验模型与无水体对照组 N 进行使用时段内平均 *PET* 值的相减，以统计不同水体方位所对应的 Δ*PET*，结果如图 5-25 所示。

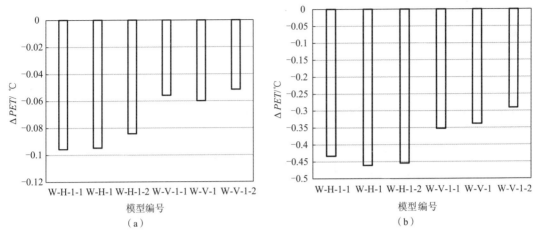

图 5-25　"一字"穿越式布局模式下的水体方位试验模型 ΔPET（图片来源：著者自绘）

（a）冬季典型气象日　　（b）夏季典型气象日

对于夏季典型气象日而言，东西向布局中的模型 W-H-1 对于 PET 的冷却效果最强，ΔPET 可达-0.46 ℃。在东西向布局模型中，模型 W-H-1-1 的冷却强度大于模型 W-H-1-2，这是由于夏季主导风向与河流走向呈东偏南 15°，在村镇南侧布置水体更有利于风将水体的冷却效应传递给村镇内部。在南北向布局的模型中，随着河流不断向西平移，ΔPET 不断增大，整体平均 PET 随之增大。这是由于南北走向的河流与主导风向近乎垂直，在村镇东侧布置水体更有利于扩大水体的冷却范围。

对于冬季典型气象日而言，与夏季工况中所总结的规律不同，东西向布局中的模型 W-H-1-1 对于 PET 的冷却效果最强，ΔPET 可达-0.096 ℃。在东西向布局模型中，模型 W-H-1-1 与 W-H-1 的 ΔPET 差异不大，模型 W-H-1-2 的 ΔPET 较前二者有较大程度的提升。这是由于冬季主导风向与河流走向呈东偏北 7.5°，这就意味着在北侧布置水体更有利于水体冷却效应的传播。在南北向布局模型中，ΔPET 的差距并不明显，其中模型 W-V-1 的冷却强度最大。

将各工况中处于"稍凉""舒适""稍暖"等级范围的空间比率进行逐时累加，统计各工况的 $tCZR_s$、$tCZR_w$ 及 $tCZR_{sum}$，统计结果如图 5-26 所示。

在冬季典型气象日，模型 W-V-1-1 的热舒适度性能最优。对于东西走向布局而言，在村镇南侧布置水体能够大幅度提升使用时段内的 $tCZR_w$。对于南北走向布局而言，随着河流向西平移，$tCZR_w$ 不断减小，在村镇东侧布置水体是最优选择。

对于夏季典型气象日而言，模型 W-H-1 的热舒适度性能最优。对于东西向布局而言，三类模型的区分度不大，在村镇南侧布置水体呈现出较优的热舒适度性能。对于南北走向布局而言，$tCZR_s$ 随着水体向西平移不断减小，在村镇东侧布置水体呈现出较优的热舒适度性能。

从 $tCZR_{sum}$ 来看，模型 W-H-1-2 是表现最优的方案，即在村镇南侧布置水体能够在冬、夏两季获得较好的热舒适度环境。对于东西走向而言，$tCZR_{sum}$ 随着河流向南平移不断升高；对于南北走向而言，$tCZR_{sum}$ 随着河流向西平移不断减小。由此发现，村镇的东侧和南侧都是主导风向的来流方向,这说明在村镇的上风向处布置水体更有利于产生更为舒适的微气候环境。

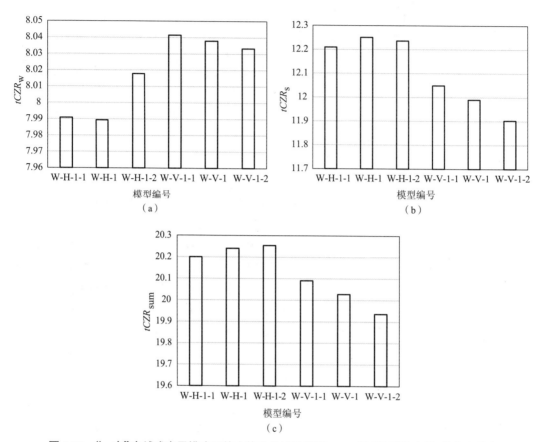

图 5-26 "一字"穿越式布局模式下的水体方位试验模型 *tCZR* 统计(图片来源:著者自绘)

(a)*tCZR*$_w$ (b)*tCZR*$_s$ (c)*tCZR*$_{sum}$

　　将"十字"交叉式布局模式下的水体方位试验模型与无水体对照组 N 进行使用时段内平均 *PET* 值的相减,以统计不同水体方位所对应的 Δ*PET*,结果如图 5-27 所示。对于冬季典型气象日而言,模型 W-HV-2 和 W-HV-2-3 的 Δ*PET* 较小,表明这两种布局对于 *PET* 的冷却强度较大。而模型 W-HV-2-1 的 Δ*PET* 较大,具有较弱的冷却效果。对于夏季典型气象日而言,模型 W-HV-2 具有明显超过其他 4 种模型的冷却效果,而其他模型的冷却效果则差异不大。这表明在河流面积不变的情况下,河流在村镇中央交叉布局会比在周边环绕布局带来更大的冷却效果。

　　将各工况中处于"稍凉""舒适""稍暖"等级范围的空间比率进行逐时累加,统计各工况的 *tCZR*$_s$、*tCZR*$_w$ 及 *tCZR*$_{sum}$,统计结果如图 5-28 所示。

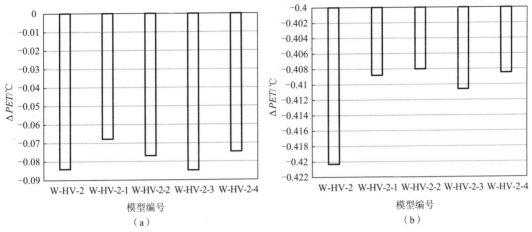

图 5-27　"十字"交叉式布局模式下的水体方位试验模型 ΔPET（图片来源：著者自绘）

（a）冬季典型气象日　（b）夏季典型气象日

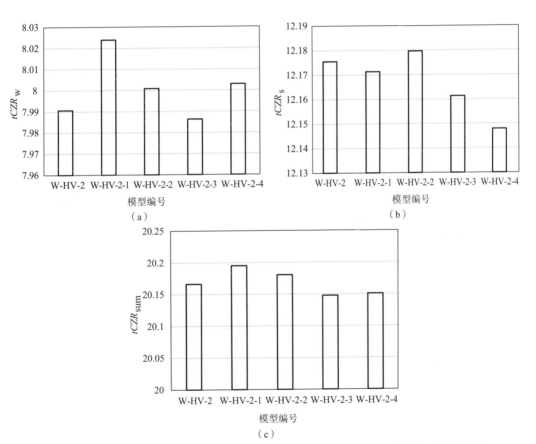

图 5-28　"十字"交叉式布局模式下的水体方位试验模型 tCZR 统计（图片来源：著者自绘）

（a）$tCZR_w$　（b）$tCZR_s$　（c）$tCZR_{sum}$

对于冬季典型气象日而言，模型 W-HV-2-1 的热舒适度性能较优，与之位置相对的 W-HV-2-3 模型则表现最差，这说明在村镇东南方向布置水体能够在冬季获得较好的室外热舒适度环境，这与"一字"形水体布局的结论一致。对于夏季典型气象日而言，模型 W-HV-2-2 的热舒适度性能较优，与之位置相对的 W-HV-2-4 模型则表现最差，这说明在村镇东北方向布置水体能够在冬季获得较好的室外热舒适度环境。从 $tCZR_{sum}$ 总和来看，模型 W-HV-2-1 的热舒适度性能是最优的，其中冬季 $tCZR_w$ 的提升起了关键作用；模型 W-HV-2-3 和 W-HV-2-4 的热舒适度性能较差，并且二者都有一条水体布置在村镇西侧。这同样说明了在村镇的上风向布置水体有利于村镇整体热舒适度环境的提升。

图 5-29 统计了所有水体布局工况的 $tCZR_{sum}$ 值，可以发现水体无论如何布局都能够提升冬、夏季整体的热舒适环境。其中模型 W-V-3、W-H-1、W-H-1-2、W-H-1-1 的 $tCZR_{sum}$ 值达到了 20.2 以上，在所有模型中热舒适度性能表现较好。这表明分散布置的南北向水体以及集中布置的东西向水体能够给村镇带来较好的热舒适度环境。此外，"十字"交叉式布局的热舒适度性能仅次于以上 4 种方案，并且水体在村镇中所处的方位对"十字"交叉布局模式的 $tCZR_{sum}$ 值影响不大，$tCZR_{sum}$ 值均保持在 20.1~20.2 之间。

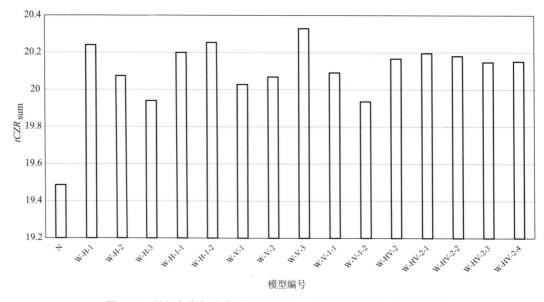

图 5-29　所有水体布局试验模型 $tCZR_{sum}$ 统计（图片来源：著者自绘）

5.2.3　水体状态

将水体状态试验模型与无水体对照组 N 进行使用时段内平均 PET 值的相减，以统计不同河道喷泉设置下的 ΔPET，结果如图 5-30 所示。

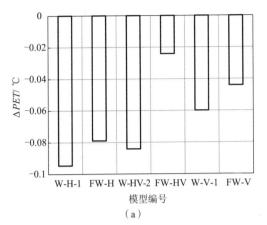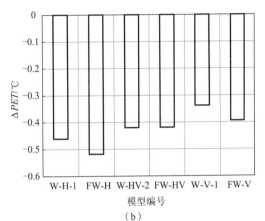

图 5-30　水体状态试验模型 ΔPET（图片来源：著者自绘）

（a）冬季典型气象日　（b）夏季典型气象日

对于冬季典型气象日而言，河道喷泉模型 FW-H、FW-HV、FW-V 较无喷泉对照模型 W-H-1、W-HV-2、W-V-1 的 ΔPET 均有增大趋势，即喷泉的存在会减弱水体对于 PET 的冷却效应。其中模型 FW-HV 对于水体冷却效应的减弱程度最大，模型 FW-H 的减弱程度最小。对于夏季典型气象日而言，模型 FW-H、FW-V 较无喷泉对照模型的 ΔPET 均有减小趋势，即喷泉的存在会加强水体对于 PET 的冷却效应。而模型 FW-HV 则与无喷泉对照模型的 ΔPET 差距不大，并无明显的加强效应。

将各工况中处于"稍凉""舒适""稍暖"等级范围的空间比率进行逐时累加，统计各工况的 $tCZR_s$、$tCZR_w$ 及 $tCZR_{sum}$，统计结果如图 5-31 所示。

对于冬季典型气象日而言，河道喷泉模型 FW-H、FW-HV、FW-V 较无喷泉对照模型 W-H-1、W-HV-2、W-V-1 的 $tCZR_w$ 均有增大趋势。这说明与单独的水体设置相比，河道喷泉能够提升冬季的热舒适度状况，但提升后的冬季热舒适度性能仍然弱于无水体对照组。其中，在"十字"交叉式布局模式下，喷泉的设置能够大幅提升存在水体村镇的热舒适度性能，而"一字"穿越式布局的提升幅度则较小。

对于夏季典型气象日而言，模型 FW-H、FW-V 较无喷泉对照模型的 $tCZR_s$ 有增大趋势，而模型 FW-HV 较无喷泉对照模型有减小趋势。这表明"一字"穿越式布局下的喷泉设置能够提升夏季热舒适性能，而"十字"交叉式布局下的喷泉由于其分散的布局模式反而会降低夏季热舒适度性能。

从 $tCZR_{sum}$ 总和来看，喷泉的设置均能提升 3 种水体布局模式下的整体热舒适度性能。其中模型 FW-H 在热舒适度性能上表现最优，其中夏季 $tCZR_s$ 的提升起到了关键作用。因此东西走向水体与河道喷泉的组合形式更能提升村镇冬、夏两季的整体热舒适度性能，并且喷泉的存在能够缓和冬季水体对于微气候环境的冷却效应，同时加强夏季的冷却效应。

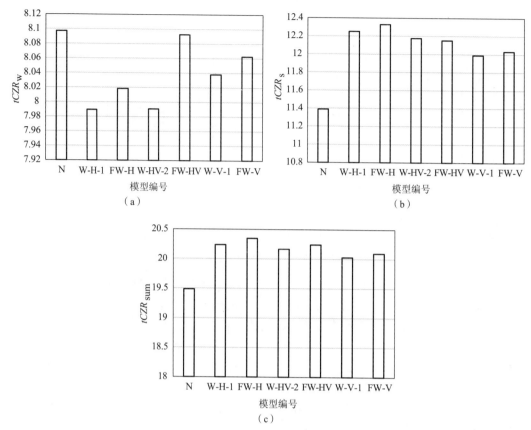

图 5-31 水体状态试验模型 *tCZR* 统计（图片来源：著者自绘）

（a）$tCZR_w$ （b）$tCZR_s$ （c）$tCZR_{sum}$

5.2.4 堤岸植被

将堤岸植被试验模型与无水体对照组 N 进行使用时段内平均 *PET* 值的相减，以统计不同堤岸植被设置下的 Δ*PET*，结果如图 5-32 所示。如图所示，对于冬、夏两季而言，植被与水体的组合模型具有比单独植被模型或水体模型更强的冷却效果，并且夏季典型日的冷却效果大于冬季典型日。在水体率和植被数量都不变的前提下，模型 GW-HV 在冬、夏两季典型气象日的冷却效果均为 3 种布局模型中最强的。对比无水体的植被对照组可以发现，在 3 种植被布局中模型 G-HV 的冷却效果也是 3 者中最强的，这种植被布局形式是导致模型 GW-HV 在冬、夏两季典型日表现出较强冷却效果的主要原因。而对于东西向布局的模型 GW-H 和南北向布局的模型 GW-V 而言，模型 GW-H 在夏季的冷却效果大于模型 GW-V，在冬季的冷却效果小于模型 GW-V。

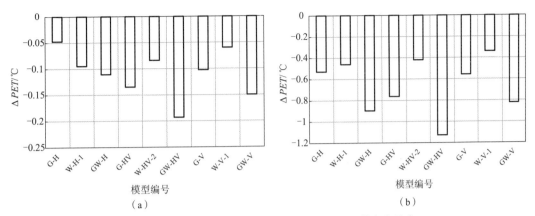

图 5-32　堤岸植被试验模型 ΔPET（ 图片来源：著者自绘 ）
（a）冬季典型气象日　（b）夏季典型气象日

为进一步探求植被与水体是否具有协同冷却效果，即二者的总体冷却效果是否大于二者单独的冷却效果，计算在 3 种布局模式下的整体 PET 冷却量、水体与植被模型单独的 PET 冷却量以及水体与植被的协同 PET 冷却量，如图 5-33、图 5-34 所示。其中整体冷却量为对照组 N 模型与 GW 模型的 PET 差值；水体冷却量为有水体植被模型与无水体植被模型的 PET 之差；植被冷却量为有植被水体模型与无植被水体模型的 PET 之差；协同 PET 冷却量为整体 PET 冷却量减去水体与植被单独的 PET 冷却量的计算结果。

由冬、夏两季冷却量统计结果可知，水体与植被在冬、夏两季均能产生协同冷却效果，协同冷却量保持在 0~0.2 ℃之间，其中夏季产生的协同冷却量高于冬季。协同冷却量随时间呈现先上升后减小的趋势，在 19：00—22：00 时段趋近于 0 ℃，在 6：00 甚至达到了负值，这可推测出一定的太阳辐射量是产生这种协同冷却效果的必要条件。对比不同布局模式的模型还可以发现，虽然 GW-H 模型在冬、夏两季的整体冷却量不高，但产生的协同冷却量却大于模型 GW-HV 和 GW-V。

将各工况中处于"稍凉""舒适""稍暖"等级范围的空间比率进行逐时累加，统计各工况的 $tCZR_s$、$tCZR_w$ 及 $tCZR_{sum}$，统计结果如图 5-35 所示。

对于冬季典型气象日而言，水体与植被单独或共同存在均会导致冬季 $tCZR_w$ 下降。其中模型 GW-H 和 GW-HV 较其他模型 $tCZR_w$ 的下降趋势较为明显，而模型 GW-V 在冬季的热舒适度性能较优。由图可知，南北走向植被模型 G-V 以及南北走向水体模型 W-V-1，与其他布局形式相比，其冬季 $tCZR_w$ 都相对较高，从而也导致了模型 GW-V 对应较高的 $tCZR_w$。这也说明南北走向的水体植被布局在冬季能够获得较好的微气候环境。

对于夏季典型气象日而言，水体与植被单独或共同存在均会导致夏季 $tCZR_s$ 上升。其中模型 GW-HV 在热舒适度性能上表现最优，模型 GW-H 次之，模型 GW-V 最差。这说明在夏季，"十字"交叉布置的水体与绿化空间能够获得较好的热舒适度环境。

从 $tCZR_{sum}$ 来看，模型 GW-HV 的热舒适度性能是最优的，其中夏季 $tCZR_s$ 的提升起了关键作用。模型 GW-H 和 GW-V 的 $tCZR_{sum}$ 值较为接近，但其中模型 GW-H 在夏季典型日表现优异，而模型 GW-V 在冬季典型日表现优异。综合来看，"十字"交叉布局的植被和水体空间在冬、夏两季的热舒适度性能上表现最优，但这种布局只能大幅提升夏季环境的热舒适度,却无法改善冬季的热舒适度状况。

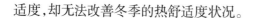
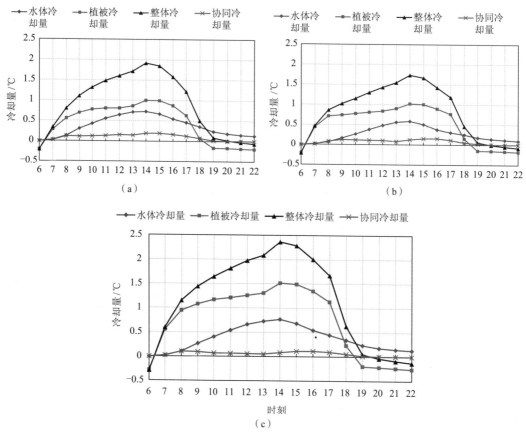

图 5-33　夏季气象典型日 6:00—22:00 *PET* 冷却量统计(图片来源:著者自绘)
（a）GW-H　（b）GW-V　（c）GW-HV

5.3　水体空间格局优化策略

　　基于水体空间格局优化试验模型的微气候评估结果,本书提出了针对宜兴地区关于水体容量、水体布局、水体状态、堤岸植被、滨水建筑空间与滨水绿化空间的优化设计策略。

5.3.1　水体容量

　　在宜兴地区存在大量以"一河两岸"为基本格局的村镇。对于该类村镇而言,水体宽度在 12~45 m 之间均有利于冬、夏两季室外热舒适性能的提升,并且水体宽度越大,热舒适度性能越优。由此可以得出,宜兴地区村镇中水体容量的增大有利于村镇微气候性能的提升。因此在村镇的改造或新建过程中,应尽量多地设置水体空间,不仅能够增加村镇中的景观活动空间,也有利于整体微气候环境的提升。对于改造村镇而言,可通过扩大河道面积,在公共空间增设景观水体的方式增加水体面积;对于新建村镇而言,在规划过程中可考虑在水网密集地带进行选址布局,充分利用水体带来的微气候增益。

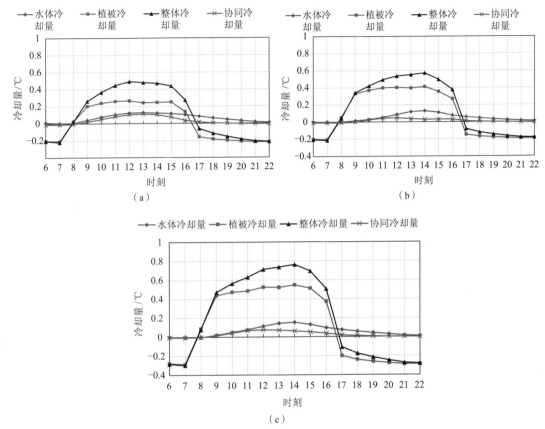

图 5-34　冬季典型气象日 6:00—22:00 *PET* 冷却量统计（图片来源：著者自绘）

（a）GW-H　（b）GW-V　（c）GW-HV

进一步探究东西向与南北向水体布局中水体宽度的影响,可以得出水体宽度的增加对于东西向河流带来的热舒适性增益大于南北向河流。因此在村镇改造过程中,更推荐通过拓宽东西向河流的方式来改善微气候环境。

5.3.2　水体布局

5.3.2.1　水体走向

对于"一河两岸"布局的村镇而言,东西向与南北向布局的水体均能在一定程度上提升村镇热舒适度状况,但东西向布局的水体对于夏季热舒适度状况的改善尤为突出。从冬、夏两季的整体微气候效应来看,东西向布局水体要优于南北向布局。因此在村镇改造过程中,宜设置东西向河流的方式来改善微气候环境。同时对于新建村镇的选址而言,东西向河流穿镇而过的空间格局,对于热舒适度性能的增益更大。

5.3.2.2　水体分散程度

对于南北向"一字"布局的水体而言,水体在东西方向上的分散程度可以大幅提高冬季的热舒适度,从而提升整体微气候环境;对于东西向"一字"布局的水体而言,水体在南北方

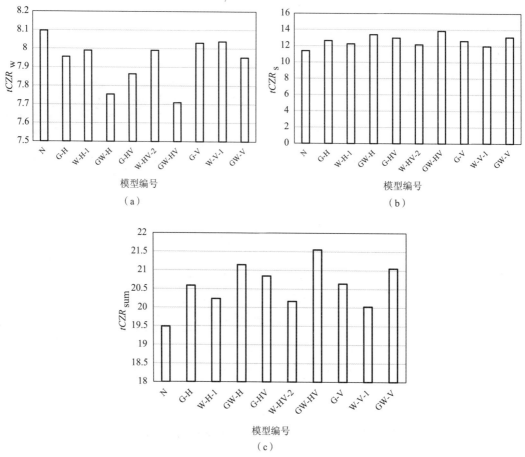

图 5-35　堤岸植被试验模型 *tCZR* 统计(图片来源:著者自绘)
（a）冬季 *tCZR*~w~　（b）夏季 *tCZR*~s~　（c）*tCZR*~sum~

向上的分散程度会同时减弱冬、夏两季的热舒适度性能,表现最优的为集中布置的水体;对于在村镇中"十字"交叉布局的水体而言,其整体热舒适度状况仅次于集中布置的东西向"一字"布局水体。因此在保证村镇水体率不变的情况下,可考虑设置东西走向的集中河流、南北走向的分散河流或十字交叉布局的河流更能获得较高的舒适度增益效果。

5.3.2.3　水体方位

水体对于村镇微气候的影响效果与风速风向关系密切,在村镇上风向处布置水体更有利于产生较为舒适的室外微气候环境。宜兴地区常年主导风向为东南风,因此在村镇的选址或改造过程中,南侧与东侧有河流经过的布局模式是较优的选择。

5.3.3　水体状态

水体状态的改变会影响其冷却能力。在村镇中引入治理河道的景观喷泉不仅有利于提升河流水质,还能产生热舒适度层面上的增益效果。河道喷泉的存在能够使有水体存在的村镇在冬、夏两季的热舒适度性能上有所提升,并且在东西向河流上设置喷泉能够获得最佳的热舒适性能提升效果。因此在村镇改造中可考虑在河道中设置可开启或关闭的景观喷泉，以改善热舒适状况，同时提升村镇水环境。但在具体运行过程中要考虑景观喷泉的使用会耗费一定电力资源，并且是一种主动式调控手段，因此可考虑只在冬、夏两季极端不舒适的时间段开启，以减少能源消耗。

5.3.4　堤岸植被

在水体周边种植乔木植被不仅能够在夏季产生更多舒适的阴影空间，还能与水体协同产生冷却效果，能够大幅提升夏季的热舒适度状况。在种植相同数量乔木的情况下，种植于"十字"交叉布局的河岸周围所产生的热舒适度性能增益最强，而种植于南北向及东西向"一字"布局河岸周围所产生的热舒适度增益效果仅次于"十字"交叉式布局。在3种水体布局形式下，河岸乔木的设置均能使热舒适度得到提升。因此在村镇的新建和改造过程中，应考虑到水体与乔木植被的协同冷却效应，多在水体沿岸种植乔木植被，以提升微气候环境。

5.3.5　滨水建筑空间

对于建筑较为密集的混合式村镇而言，建筑对于空气流动的阻挡程度大，因而水体的降温冷却效果并不能在村镇中大范围扩展；与此同时，密集的建筑能够产生大量的阴影空间，已为村镇提供了一定的冷却效应。因此在建筑密集的传统村镇中引入水体所产生的微气候效益会弱于建筑密度较低的行列式村镇，水体在行列式布局村镇的改造过程中能够发挥更大的增益效果。

此外基于4.3.2节的结论，建筑容量的大小能够影响水体的微气候效应。在同一村镇中建筑密度和容积率低、天空开阔度大的周边环境空间形态，能够增大水体气温冷却效应的传播范围。但对于室外热舒适度而言，建筑与树木的阴影空间又能够与水体协同产生更大的冷却效果。因此在村镇的新建或改造过程中，应充分考虑水体与建筑形态的关系，根据主导风向在村镇内部设置开敞的通风廊道，将水体的冷却效应引入村镇内部；同时也应控制好其余空间的建筑容量，增加建筑或树木的阴影空间以提升人体热舒适度。

5.3.6　滨水绿化空间

如5.3.4节所述，在水体沿岸种植乔木植被能够与水体一起产生"蓝绿空间"协同冷却效果，而村镇内部的绿化空间格局同样会影响水体的微气候效应。绿化空间常常对应着开敞空间，而开敞空间对于空气流动的阻碍小，因而导致水体对于周边环境的冷却效果可以扩展到更广范围，从而提升水体对于村镇微气候的冷却效果。从4.2.4.1节中水体对于热舒适指标的影响来看，这种冷却效果对于冬、夏两季的整体热舒适度状况都是有增益的。因此在村镇的新建与改造过程中，可考虑在村镇滨水区域设置一定的开敞绿化空间，同时在沿岸多种植乔木植被，均能给村镇微气候环境带来有益效果。

5.4　优化策略验证——以宜兴市西望村（东）为例

本节以宜兴市西望村（东）为例，对水体空间格局优化策略进行实例验证。西望村（东）是宜兴地区中典型的行列式排布村镇，村镇内部水网密集，水体空间与村镇整体微气候环境的联系十分紧密。本节首先从水体容量、水体布局、水体状态、堤岸植被及滨水空间形态层面对村镇规划进行改造更新设计，其次应用 ENVI-met 软件对优化前后的村镇模型进行微气候模拟，并采用 3.1.2 节所述的热舒适度评价方法对模拟所得结果进行对比与评价，以此验证 5.3 节所述的水体空间格局优化策略的科学性与有效性。

5.4.1　优化方案

图 5-36 为西望村（东）优化后的 ENVI-met 简化模型，优化前的 ENVI-met 简化模型见4.1.2 节中的图 4-2（b）。在水体容量方面，优化方案通过增设新水体和拓宽既有水体的方式将村镇水体率从 11.78% 提升至 13.88%。在水体布局方面，优化方案增设和拓宽的水体集中在东西走向及村镇上风向处，以此获得热舒适度层面上的最佳增益效果。在水体状态方面，优化方案在东西向水体处增设了河道喷泉，设置在冬、夏两季极端不舒适的时间段开启。在堤岸植被方面，优化方案增加了村镇内部水体的沿岸树木种植，种植的树木种类为宜兴市最为常见的香樟树，同时控制树木种植间距为 12 m。在滨水空间形态层面，优化方案通过建筑空间的增补形成了东西向和南北向两条通风廊道，使上风向处水体的冷却效应能够通过空气流动更好地扩展到村镇内部。

图 5-36　西望村（东）优化后的 ENVI-met 简化模型（图片来源：著者自绘）

5.4.2　热舒适指标对比与评价

为验证优化方案的可行性与有效性,将西望村(东)优化前后的方案应用 ENVI-met 进行冬、夏两季典型气象日的微气候模拟,并通过室外热舒适度评价以量化优化方案的性能提升效果。微气候模拟的边界条件参考 4.1.3.2 节中的表 4-7 设置。

图 5-37、图 5-38 为西望村(东)优化前后方案在冬、夏两季典型气象日的逐时 PET 等级空间比率统计。图 5-39 为西望村(东)优化前后方案在冬、夏两季典型气象日的逐时平均 ΔPET 统计,单一时刻的 ΔPET 等于优化前方案在该时刻的平均 PET 值减去优化后方案在该时刻的评价 PET。

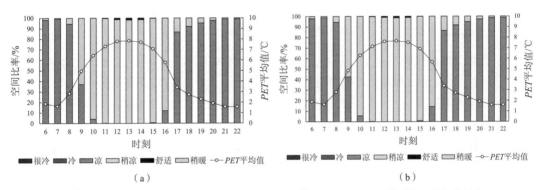

图 5-37　冬季典型气象日优化前后的逐时 PET 等级空间比率(图片来源:著者自绘)
(a)优化前　(b)优化后

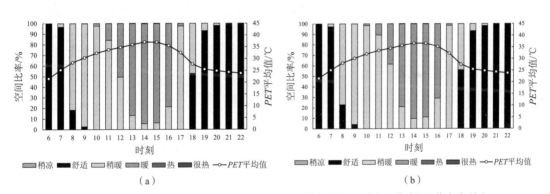

图 5-38　夏季典型气象日优化前后的逐时 PET 等级空间比率(图片来源:著者自绘)
(a)优化前　(b)优化后

对于冬季典型气象日而言,每一 PET 等级空间比率的变化并不明显,使用时段内大部分空间均处于"稍凉"与"凉"这两个 PET 等级。优化后方案在 6:00—7:00 及 19:00—22:00 时间段内能够提升村镇范围内的平均 PET 值,提升范围在 0~0.05 ℃之间;在 8:00—18:00 范围内能够降低村镇范围内的平均 PET 值,降低范围在 0~0.2 ℃之间,并且在 12:00 达到全天降低最大值 0.164 ℃。这表明优化方案中的各项优化策略对于冬季日间会产生较弱的冷却效应,在夜间则能够产生轻微的增温效应,但总体而言对于冬季典型气象日的热舒适度状况影响较为微弱。

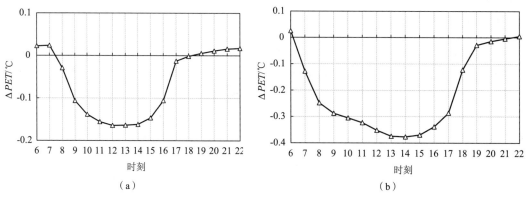

图5-39　优化前后逐时平均 ΔPET 统计（图片来源：著者自绘）

（a）冬季典型气象日　（b）夏季典型气象日

对于夏季典型气象日而言，优化后方案中"暖"等级所对应的空间比率明显下降，与此同时"舒适"等级所对应的空间比率也呈现上升趋势。优化后方案在 7：00—21：00 时间段内均能降低村镇范围内的平均 *PET* 值，降低范围在 0~0.4 ℃之间，并且在 14：00 达到全天降低最大值 0.377 ℃。与冬季典型气象日对比可知，夏季典型气象日平均 *PET* 值降低的时间范围及数值大小均大于冬季典型气象日，这说明优化方案中的各项优化策略在冬、夏两季均会导致 *PET* 下降，但对于夏季的冷却效果大于冬季。

将各工况中处于"稍凉""舒适""稍暖" *PET* 等级的空间比率进行逐时累加，统计各工况的 *tCZR*s、*tCZR*w 及 *tCZR*sum，统计结果如图 5-40 所示。对比优化前后的 *tCZR* 统计，优化后的方案在 *tCZR*w 指标上降低了约 0.069，在 *tCZR*s 指标上提升了 0.435，这导致其在冬、夏两季总体指标 *tCZR*sum 上共提升了 0.366。这说明优化方案虽然在冬季热舒适度性能的表现上略显不足，但其在夏季热舒适度性能上具有较大增益，因而在总体热舒适度性能上仍然能够有一定程度的提升。

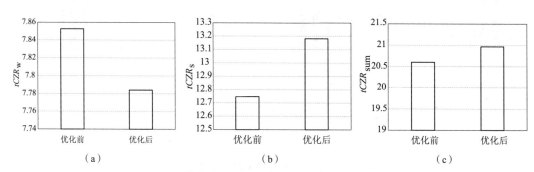

图5-40　优化前后 *tCZR* 统计（图片来源：著者自绘）

（a）*tCZR*w　（b）*tCZR*s　（c）*tCZR*sum

为进一步探究优化前后方案在空间层面的热舒适度状况，本书还统计了村镇范围内各测点的舒适时间比率，并通过 ArcGIS 进行可视化展示。其中舒适时间的统计范围包含处于"稍凉""舒适""稍暖" *PET* 等级所对应的时刻。图 5-41、图 5-42 分别表征了冬、夏两季典型气象日优化前后方案的舒适时间比率分布状况。对于冬季典型气象日而言，优化后方案在东西向水体空间及街道空间处的舒适时间比率呈现微弱的下降趋势,在南北向水体空间处的舒适时间呈现上升趋势,而对于村镇内部其他空间的舒适时间比率影响并不明显。对于夏季典型气象日而言,优化方案在水体空间处存在大量舒适时间比率达到 0.82 以上的空间,其舒适时间比率相比优化前呈现明显的上升趋势,尤其对于南北向水体空间热舒适度性能的提升最为显著。此外优化方案中水体冷却效应强度的增加及影响范围的增大,也使得村镇内部其他空间的舒适时间比率也有一定提升。

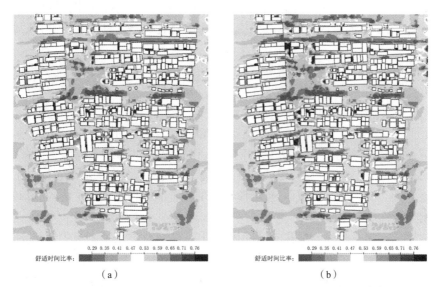

（a）　　　　　　　　　　　　　　　（b）

图 5-41　冬季典型气象日优化前后舒适时间比率分布图(图片来源:著者自绘)

（a）优化前　（b）优化后

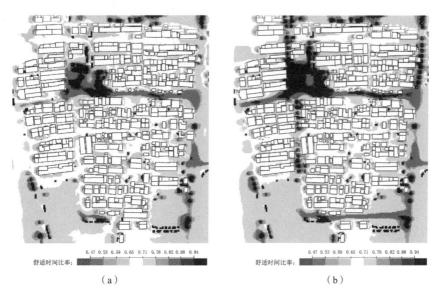

（a）　　　　　　　　　　　　　　　（b）

图 5-42　夏季典型气象日优化前后舒适时间比率分布图(图片来源:著者自绘)

（a）优化前　（b）优化后

综上所述,基于水体空间格局的热舒适度优化策略在实际村镇案例中具备规划改造层面的可行性和热舒适度提升层面的有效性。

5.5 本章小结

本章建立了不同类型的水体空间格局试验模型,通过模拟与评价冬、夏两季典型气象日微气候状况,对水体空间格局基于热舒适层面的优化策略进行探索。同时结合第四章的相关结论,提出了基于水体微气候效应的村镇空间形态优化策略,并应用实际村镇案例对优化策略进行验证。

针对水体空间格局的优化研究,本章从水体容量、水体布局、水体状态、堤岸植被等 4 个层面开展方案寻优,并提出了相应的水体空间格局优化策略。对于水体宽度而言,东西向河流的拓宽对于村镇微气候环境的改善增益最大。对于水体布局而言,南北向"平行"穿越式布局、东西向"一字"穿越式布局的热舒适度性能较优;同时将水体布置于村镇上风向处更有利于主导风向将水体的微气候冷却效应扩展到村镇内部。对于水体状态而言,喷泉的设置能够同时提升河道空间冬、夏两季的热舒适度状况,其中东西向的喷泉布局对于热舒适度性能的增益较大。对于堤岸植被而言,河岸乔木的设置能够与水体产生协同冷却效果,大幅提升夏季的热舒适度状况。

针对村镇内部建筑空间与绿化空间的优化研究,本章总结了第四章中的相关结论,认为在建筑密度较低的行列式村镇中引入水体能够发挥更大的微气候增益效果,同时在村镇内部设置与主导风向平行的通风廊道及绿化空间也能够提升水体冷却效应的影响范围,进而提升村镇整体热舒适度状况。

此外,本章将总结得出的水体空间优化策略应用于宜兴市西望村(东)的规划改造设计中,应用 ENVI-met 软件对优化前后的村镇模型进行微气候模拟,并采用本书所提出的热舒适度评价方法对模拟结果进行对比与评价。结果表明,优化策略的应用能够大幅提升西望村(东)在夏季的热舒适度性能,使冬、夏两季典型气象日的舒适空间比率累计值提升 0.366 左右。

后 记

1. 主要结论

本书完成的主要工作和得出的主要结论如下。

（1）归纳了宜兴地区典型水乡村镇的空间形态基本特征。通过图纸资料、卫星影像和现场测绘相结合的方式，在宜兴市5个中心镇区的30个自然村镇中进行空间形态调研，归纳总结宜兴地区典型水乡村镇的基本空间类型。其中以定性分类的方法，基于水体形态将村镇空间格局分类为"一字"穿越式布局、"十字""丁字""L形"交叉式布局、平行穿越式布局、混合式布局等形式；以定量聚类的方式，将样本村镇的水体容量特征归纳为12 m、15 m、23 m、35 m、45 m的水体宽度以及相应的水体率。

（2）构建了村镇室外微气候环境评价方法，总结村镇室外微气候特征。将村镇微气候环境评价分为单一指标评价及综合性热舒适度评价，提出基于时间维度和空间维度的综合热舒适度评价指标。通过对典型村镇室外微气候的现场实测，得出不同季节气候条件下村镇微气候环境特征以及不同空间类型的微气候环境差异，为后续研究提供数据支持。

（3）总结了村镇水体微气候效应的基本特征。运用ENVI-met软件模拟典型村镇在冬、夏两季有、无水体等4种工况下的微气候状况，得到与单一指标评价、综合性热舒适度评价相关的基础参数；通过有、无水体工况的微气候参数差值研究，分析了水体存在对于村镇空气温度、相对湿度、风速风向、热舒适度指标的影响，以确定村镇水体微气候效应的作用效果。

（4）揭示了村镇边界气象要素与空间形态要素对冬、夏两季水体微气候效应的关联性，并建立了其相互间的量化关系。利用ENVI-met模拟数据及村镇地理空间信息，统计了水体对于空气温度与热舒适度指标的冷却量化值、模拟边界气象参数，以及不同半径范围的村镇空间形态要素指标；通过相关性分析和回归分析，得出了边界气象要素及村镇空间形态要素对水体微气候冷却效应的作用规律，以此指导基于水体微气候效应的村镇空间形态调控手段。

（5）提出了基于热舒适度的水体空间格局优化策略。基于宜兴地区典型水乡村镇的空间形态基本特征，建立不同类型的水体空间格局优化试验模型，通过ENVI-met模拟与微气候环境评价，得出热舒适度性能较优的水体空间格局类型；同时结合水体微气候效应影响要素的研究，从规划设计层面提出了基于热舒适度的村镇水体空间格局优化策略，并在实际村镇案例中得到了有效性验证。结果表明，优化策略的应用能够使西望村（东）冬、夏两季典型气象日的舒适空间比率累计值提升0.366，能够大幅提升村镇在夏季的热舒适度性能。

2. 本书创新点

本研究所取得的创新点如下。

（1）揭示宜兴地区村镇水体空间形态特征，采用定性与定量相结合的方式，针对水体容量、水体走向、水体整体布局的典型特征进行了归纳总结。

（2）提出基于时间与空间维度的综合热舒适度评价指标，使评价结果能够涵盖村镇室外空间使用时间和整体空间两个层面的整体热舒适度状况。

（3）揭示了村镇水体微气候效应的影响因素及其作用规律，并通过相关性分析、回归分析，建立相互间的量化关系模型。在以往研究中通常以定性的方式描述物理环境或建成空间形态对于水体冷却效应的影响，尚未有研究深入探讨村镇形态要素对于水体微气候效应的影响。

（4）以热舒适度性能提升作为优化目标，以热舒适度综合指标为评价手段，提出了基于水体空间格局的村镇规划设计策略。

3. 研究不足与展望

本书研究存在的不足点和未来可深入探究的方向如下。

（1）本书基于宜兴地区太湖渎区村镇展开空间形态与微气候环境调研，虽然以实际村镇为研究对象能够提升结论的真实性与可靠性，但由于村镇空间的复杂性和多样性，调研结果并不能涵盖宜兴地区所有村镇空间类型和水体空间类型。在后续的研究工作中，可拓展调研对象范围，补充苏南，乃至其他夏热冬冷地区村镇空间基础信息，探索更多水体空间形态下的微气候状况，提升研究成果的准确性与科学性。

（2）本书对于村镇微气候环境的研究是针对极端季节性特征的 1 月和 7 月进行的，没有涵盖冬季、夏季及过渡季节的全部时段。同时由于气象站的设立时间短，研究仅能获取 2 年以内的村镇边界气象数据，无法涵盖较长时间段的村镇微气候特征。因此在后续研究中，可拓展研究时长，通过计算典型气象年对全年各时段不同气候条件下的村镇微气候问题进行研究。

（3）本书通过建立不同类型的水体空间格局优化试验模型的方式，探索在村镇规划层面上的热舒适度性能优化策略。这种方法将基准模型试验的空间优化结果转化为优化策略，进而应用到实际村镇当中。在这种定性的转化过程中必然会出现人为因素上的偏差，因此在后续研究中亟待建立一种基于实际村镇的水体空间格局定量优化方法，以提升优化结果的准确性。

参考文献

[1] 刘泓廷. 热气候下的闽南沿海传统村落空间研究[D]. 泉州:华侨大学,2020.

[2] 陈宏,李保峰,周雪帆. 水体与城市微气候调节作用研究:以武汉为例[J]. 建筑科技,2011(22):72-73,77.

[3] 刘晶. 基于热环境的广州住区静态水景设计策略研究[D]. 广州:华南理工大学,2019.

[4] 李书严,轩春怡,李伟,等. 城市中水体的微气候效应研究[J]. 大气科学,2008(3):552-560.

[5] 金虹,王博. 城市微气候及热舒适性评价研究综述[J]. 建筑科学,2017,33(8):1-8.

[6] 卞晴,赵晓龙,刘笑冰. 水体景观气候调节性研究进展与展望[J]. 风景园林,2020,27(6):88-94.

[7] 傅抱璞. 我国不同自然条件下的水域气候效应[J]. 地理学报,1997(3):56-63.

[8] HOU P, CHEN Y H, QIAO W, et al. Near-surface air temperature retrieval from satellite images and influence by wetlands in urban region[J]. Theoretical and applied climatology, 2013, 111(1-2): 109-118.

[9] SYAFII N I, ICHINOSE M, WONG N H, et al. Experimental study on the influence of urban water body on thermal environment at outdoor scale model[J]. Procedia engineering, 2016, 169:191-198.

[10] YOON J O, CHEN H, OOKA R, et al. Design of the outdoor thermal environment for a sustainable riverside housing complex using a coupled simulation of CFD and radiation transfer[C]. Conference of Seoul building, 2007.

[11] KIM Y H, RYOO S B, BSIK J J, et al. Does the restoration of an inner-city stream in Seoul affect local thermal environment? [J]. Theoretical and applied climatology, 2008, 92(3-4):239-248.

[12] YANG X S, ZHAO L H. Diurnal thermal behavior of pavements, vegetation, and water pond in a hot-humid city[J]. Buildings, 2015, 6(1):2.

[13] CRUZ J A, BLANCO A C, GARCIA J J, et al. Evaluation of the cooling effect of green and blue spaces on urban microclimate through numerical simulation: a case study of Iloilo River Esplanade, Philippines[J]. Sustainable cities and society, 2021, 74:103184.

[14] 宋丹然. 城市河流宽度对居住环境微气候影响与优化研究[D]. 上海:华东师范大学,2019.

[15] 马妮莎. 水体对城市热环境影响的遥感和模拟分析[D]. 广州:华南理工大学,2016.

[16] CHENG L, GUAN D, ZHOU L, et al. Urban cooling island effect of main river on a landscape scale in Chongqing, China[J]. Sustainable cities and society, 2019, 47:101501.

[17] 杨凯,唐敏,刘源,等. 上海中心城区河流及水体周边小气候效应分析[J]. 华东师范大

学学报（自然科学版），2004（3）：105-114.

[18] 曹相生，林齐，孟雪征，等. 韩国首尔市清溪川水质恢复的经验与启示[J]. 给水排水动态，2007（6）：8-10.

[19] 杨丽，史泽道，刘晓东，等. 夏季水体对于建筑周围环境的影响研究[J]. 建筑科学，2019（6）：98-107.

[20] ZENG Z W, ZHOU X Q, LI L. The impact of water on microclimate in Lingnan Area[J]. Procedia engineering, 2017, 205: 2034-2040.

[21] 谈美兰. 夏季相对湿度和风速对人体热感觉的影响研究[D]. 重庆：重庆大学，2012.

[22] 谈美兰，李百战，李文杰，等. 夏季空气流动对人体热舒适性的影响[J]. 土木建筑与环境工程，2011，33（2）：70-73.

[23] SYAFII N I, ICHINOSE M, KUMAKURA E, et al. Thermal environment assessment around bodies of water in urban canyons: a scale model study[J]. Sustainable cities and society, 2017, 34: 79-89.

[24] JACOBS C, KLOK L, BRUSE M, et al. Are urban water bodies really cooling? [J]. Urban climate, 2020, 32: 100607.

[25] ZHAO T F, FONG K F. Characterization of different heat mitigation strategies in landscape to fight against heat island and improve thermal comfort in hot-humid climate (Part I): measurement and modeling[J]. Sustainable cities and society, 2017, 32: 523-531.

[26] THEEUWES N E, SOLCEROVÁ A, STEENEVELD G J. Modeling the influence of open water surfaces on the summer time temperature and thermal comfort in the city[J]. Journal of geophysical research: atmospheres, 2013, 118(16): 8881-8896.

[27] FUNG C K W, JIM C Y. Influence of blue infrastructure on lawn thermal microclimate in a subtropical green space[J]. Sustainable cities and society, 2020, 52: 101858.

[28] AMPATZIDIS P, KERSHAW T. A review of the impact of blue space on the urban microclimate[J]. Science of the total environment, 2020, 730: 139068.

[29] PARK C Y, LEE D K, ASAWA TAKASHI, et al. Influence of urban form on the cooling effect of a small urban river[J]. Landscape and urban planning, 2019, 183: 26-35.

[30] SHAHJAHAN A, AHMED K S, SAID I B. Study on riparian shading envelope for wetlands to create desirable urban bioclimates[J]. Atmosphere, 2020, 11(12): 1348.

[31] SUN R, CHEN L. How can urban water bodies be designed for climate adaptation? [J]. Landscape and urban planning, 2012, 105: 27-33.

[32] 陆婉明，王新，周浩超. 数值模拟水体对居住小区局地气候调节作用[J]. 建筑科学，2015，31（8）：101-107.

[33] 赵云鹤. 严寒地区城市内河与其周边住区微气候的交互影响研究[D]. 哈尔滨：哈尔滨工业大学，2019.

[34] 王可睿. 景观水体对居住小区室外热环境影响研究[D]. 广州：华南理工大学，2016.

[35] 金虹，康健，刘哲铭，等. 严寒地区城市住区微气候调节设计：以哈尔滨为例[M]. 北京：科学出版社，2019.

[36] 余聪. 城市河流对街区微气候的影响[D]. 上海：华东师范大学，2018.

[37] 刘京，朱岳梅，郭亮，等. 城市河流对城市热气候影响的研究进展[J]. 水利水电科技进展，2010（6）：90-94.

[38] GIUSEPPE E D, ULPIANI G, CANCELLIERI C, et al. Numerical modelling and experimental validation of the microclimatic impacts of water mist cooling in urban areas[J]. Energy and buildings, 2020, 231：110638.

[39] PRIYA U K, SENTHIL R. A review of the impact of the green landscape interventions on the urban microclimate of tropical areas[J]. Building and environment, 2021, 205：108190.

[40] HATHWAY E A, SHARPLES S. The interaction of rivers and urban form in mitigating the urban heat island effect: a UK case study[J]. Building and environment, 2012, 58：14-22.

[41] RAHUL A, MUKHERJEE M, SOOD A. Impact of ganga canal on thermal comfort in the city of Roorkee, India[J]. International journal of biometeorology, 2020（10）：1-13.

[42] 邓鑫桂. 滨水住区夏季热环境特征及其影响因子研究[D]. 武汉：华中农业大学，2016.

[43] 宋晓程，刘京，赵宇. 北方滨水区街区形态对城市微气候的影响[J]. 建筑科学，2019, 35（10）：191-198.

[44] 单月，蔡新冬，张东旭. 寒冷地区滨水住区微气候适宜空间模式研究：以天津天嘉湖住区为例[J]. 建筑科学，2022,38（2）：82-88.

[45] 丁冬琳. 滨水绿地景观空间结构的微气候影响研究[D]. 上海：华东师范大学，2020.

[46] SHI D C, SONG J Y, HUANG J X, et al. Synergistic cooling effects（SCEs）of urban green-blue spaces on local thermal environment: a case study in Chongqing, China[J]. Sustainable cities and society, 2020, 55：102065.

[47] FAN F, YAN W, YAO W X, et al. Coupling mechanism of water and greenery on summer thermal environment of waterfront space in China's cold regions[J]. Building and environment, 2022, 214：108912.

[48] 金程宏. 衢州地区传统村镇水空间解析[D]. 杭州：浙江农林大学，2011.

[49] 马建辉. 江南水乡地区传统民居中的水生态设计及运用[D]. 南京：东南大学，2015.

[50] 傅娟，许吉航，肖大威. 南方地区传统村落形态及景观对水环境的适应性研究[J]. 中国园林，2013,29（8）：120-124.

[51] 韩露菲. 严寒地区村镇水系规划策略研究[D]. 哈尔滨：哈尔滨工业大学，2015.

[52] 黄溪南. 潮汕地区传统村落滨水景观地域特色研究[D]. 广州：华南理工大学，2017.

[53] 张彬彬，马建伟，戴俊峰. 小城镇设计中的水系空间营造：以南通市通州区石港新镇区设计为例[J]. 城乡规划，2021（3）：118-124.

[54] 李培. 基于小气候热舒适性需求的滨水景观规划设计探究[J]. 现代园艺，2021, 44（20）：37-39.

[55] LIN Y, SHUI W, LI Z, et al. Green space optimization for rural vitality: insights for planning and policy[J]. Land use policy, 2021, 108（8）：105545.

[56] ZABIK M J, PRYTHERCH D L. Challenges to planning for rural character: a case study from exurban southern New England[J]. Cities, 2013, 31：186-196.

[57] YAMASHITA S. Perception and evaluation of water in landscape: use of Photo-Projective Method to compare child and adult residents' perceptions of a Japanese river environment[J]. Landscape and urban planning, 2002,62(1):3-17.

[58] 王长鹏. 基于微气候优化的特色小镇水景观规划设计探析[C]//小城镇,大梦想——中国特色小(城)镇规划理论与实践,2018:396-401.

[59] 刘冉倩,齐羚,崔岳晨,等. 基于微气候适应性的传统村落山水格局参数化设计策略研究:以天津市蓟州区西井峪村为例[J]. 中国园林,2021,37(12):104-109.

[60] YANG Y, LI J. Study on urban thermal environmental factors in a water network area based on CFD simulation[J]. Environmental technology and innovation, 2020, 20(6): 101086.

[61] 张杰. 村镇社区规划与设计[M]. 北京:中国农业科学技术出版社,2007.

[62] OKE T R. Initial guidance to obtain representative meteorological observations at urban sites[R]. Canada:WMO/TD,2004.

[63] 傅抱璞. 小气候学[M]. 北京:气象出版社,1994:14-32.

[64] 王祥荣. 生态与环境:城市可持续发展与生态环境调控新论[M]. 南京:东南大学出版社,2004.

[65] 谢慧聪. 北方地区人工水体景观设计研究[D]. 大连:大连理工大学,2012.

[66] 张连程. 东北严寒地区村镇微气候分析与评价[D]. 哈尔滨:哈尔滨工业大学,2015.

[67] 冯培军. 居住区水体景观的设计理念与营建技术[D]. 天津:天津大学,2005.

[68] 刘雨鑫. 水景景观设计中水形态的表达与运用研究[D]. 西安:西安建筑科技大学,2019.

[69] 王其亨. 风水理论研究[M]. 天津:天津大学出版社,1992.

[70] 王深法. 风水与人居环境[M]. 北京:中国环境科学出版社,2003.

[71] 陈饶. 苏南传统村镇规划之水生态历史经验研究[J]. 江苏城市规划,2013(6):6-10.

[72] 段进,季松,王海宁. 城镇空间解析:太湖流域古镇空间结构与形态[M]. 北京:中国建筑工业出版社,2002.

[73] 宜兴市人民政府. 宜兴概况[EB/OL]. 2019-10-31[2022-04-07].http://www.yixing.gov.cn/zgyx/zzxx/yxgk/yxwww_zxzx_yxgk.shtml.

[74] 中华人民共和国建设部. 建筑气候区划标准: GB 50178—1993 [S]. 北京:中国计划出版社,2005.

[75] 宜兴市人民政府. 气象水文[EB/OL]. 2021-08-25[2022-04-07]. http://www.yixing.gov.cn/doc/2021/08/25/952074.shtml.

[76] 宜兴市自然资源和规划局. 宜兴市村镇布局规划(2021版)[EB/OL].2021-12-28[2022-04-07]. http://www.yixing.gov.cn/doc/2021/12/28/1007738.shtml.

[77] 浦欣成. 传统乡村聚落二维平面整体形态的量化方法研究[D]. 杭州:浙江大学,2012.

[78] 陆佳薇. 江南水乡水网地形与村落空间形态的关联研究[D]. 合肥:合肥工业大学,2020.

[79] 中华人民共和国水利部. 流域[EB/OL].2016-12-22[2022-05-24]. http://www.mwr.gov.

cn/szs/mcjs/201612/t20161222_776375.html.

[80]　薛薇.SPSS 统计分析方法及应用[M].北京:电子工业出版社,2013.

[81]　LI J,LIU N. The perception,optimization strategies and prospects of outdoor thermal comfort in China:a review[J]. Building and environment,2020,170:106614.

[82]　HÖPPE P. The physiological equivalent temperature—a universal index for the biometeorological assessment of the thermal environment[J]. International journal of biometeorology,1999,43(2):71-75.

[83]　DEAR R D,PICKUP J. An outdoor Thermal Comfort Index(OUT_SET*)- Part I - the model and its assumptions[C]// 5th international congress of biometeorology and international conference on urban climatology,1999.

[84]　BLAZEJCZYK K,JENDRITZKY B G,BRÖDE B P,et al. An introduction to the Universal Thermal Climate Index(UTCI)[J]. Geographia polonica,2013,86(1):5-10.

[85]　朱颖心. 建筑环境学[M].北京:中国建筑工业出版社,2016.

[86]　Ergonomics of the thermal environment instruments for measuring physical quantities:ISO 7726:1998[S]. Geneva:Standard international organization for standardization,1998.

[87]　Thermal environmental conditions for human occupancy:ASHRAE Standard 55:2013[S]. Atlanta:American society of heating,refrigerating and air-conditioning engineers.

[88]　MATZARAKIS A,MAYER H. Another kind of environmental stress:thermal stress[N]. WHO newsletter 18:7-10.

[89]　HWANG R L,LIN T P. Thermal comfort requirements for occupants of semi-outdoor and outdoor environments in hot-humid regions[J]. Architectural science review,2007,50:60-67.

[90]　LIN T P,MATZARAKIS A. Tourism climate and thermal comfort in Sun Moon Lake,Taiwan[J]. International journal of biometeorology,2008,52(4):281-290.

[91]　王一,潘宸,黄子硕. 上海地区不同季节 PET 和 UTCI 的适用性比较[J]. 建筑科学,2020,36(10):55-61.

[92]　邱一平,虞志淳. 基于微气候性能化的村落空间形态模拟优化方法研究[J]. 小城镇建设,2021,39(9):85-95.

[93]　虞志淳,邱一平. 陕西关中村落空间形态设计量化研究[J]. 工业建筑,2021,51(8):28-33.

[94]　杨丽,李光耀,潘裕清. 基于聚类算法和数值模拟的建筑群平面优化[J]. 同济大学学报(自然科学版),2020,48(2):200-207.

[95]　王艺. 基于热舒适的城市公共空间布局优化方法初探[D]. 南京:东南大学,2018.

[96]　杨泽晖. 小城镇低层高密住区形态与微气候研究:以周铁镇为例[D]. 南京:东南大学,2021.

[97]　ENVI-met. ENVI-met Model Architecture[EB/OL].2022-04-04[2022-04-07].https://envi-met.info/doku.php? id=intro:modelconcept#module_overview.

[98] BRUSE M. ENVI-met 3.0：Updated Model Overview[EB/OL].2004-1-1[2021-6-1].http：// www.envi-met.com/.

[99] OUYANG W L，SINSEL T，SIMON H，et al. Evaluating the thermal-radiative performance of ENVI-met model for green infrastructure typologies：experience from a subtropical climate[J].Building and environment,2021,207:108427.

[100] FRANKE J. The COST 732 best practice guideline for CFD simulation of flows in the urban environment：a summary[J]. International journal of environment and pollution, 2011,44(1-2):419-427.

[101] TOMINAGA Y，MOCHIDAA，YOSHIE R，et al. AIJ guidelines for practical applications of CFD to pedestrian wind environment around buildings[J]. Journal of wind engineering and industrial aerodynamics, 2008, 96(10-11):1749-1761.

[102] 武雅芝. 城市滨水绿地植被的三维形态构成与微气候效应研究[D]. 上海:华东师范大学,2020.

[103] 中华人民共和国住房和城乡建设部. 城市居住区热环境设计标准：JGJ286—2013[S]. 北京:中国建筑工业出版社,2013.

[104] 宋芳婷,诸群飞,吴如宏,等. 中国建筑热环境分析专用气象数据集[C]. 合肥:全国暖通空调制冷 2006 学术年会,2006:252-258.

[105] 李红莲. 建筑能耗模拟用典型气象年研究[D]. 西安:西安建筑科技大学,2016.

[106] 国世友,周振伟,刘春生.用风廓线指数律模拟风速随高度变化[J]. 黑龙江气象, 2008（A1):20-22.

[107] 李洁明,祁新娥. 统计学原理[M]. 4 版. 上海:复旦大学出版社, 2007.

[108] LOPEZ-CABEZA V P, GALAN-MARIN C, RIVERA-GOMEZ C, et al. Courtyard microclimate ENVI-met outputs deviation from the experimental data[J]. Building and environment, 2018, 144:129-141.

[109] 沈冰,黄红虎. 水文学原理[M]. 北京:水利水电出版社, 2015:70-72.

[110] 吴娱,彭昌海.村镇形态要素对水体微气候冷却效应的影响分析[J]. 东南大学学报（自然科学版),2022,52(1):179-188.